知识的大苹果+小苹果丛书

Comment vivrons-nous demain en ville

明天我们将如何在城市生活

Notre société sera-t-elle nanotechnologique

会变成纳米社会吗

[法]吉尔·安提　马丽娜·马图蒂　著

李牧雪　王俊茗　高振民　译

上海科学技术文献出版社
Shanghai Scientific and Technological Literature Press

图书在版编目（CIP）数据

明天我们将如何在城市生活·会变成纳米社会吗 /（法）吉尔·安提，（法）马丽娜·马图蒂著；李牧雪，王俊茗，高振民译．—上海：上海科学技术文献出版社，2019

（知识的大苹果 + 小苹果丛书）

ISBN 978-7-5439-7945-1

Ⅰ．① 明…　Ⅱ．①吉…②马…③李…④王…⑤高…　Ⅲ．①未来城市—普及读物　Ⅳ．① TU984-49

中国版本图书馆 CIP 数据核字（2019）第 152636 号

选题策划：张　树　　责任编辑：王倍倍　杨怡君
封面设计：合育文化

明天我们将如何在城市生活·会变成纳米社会吗
MINGTIAN WOMEN JIANG RUHE ZAI CHENGSHI SHENGHUO·HUI BIANCHENG NAMI SHEHUI MA
[法]吉尔·安提　马丽娜·马图蒂　著　李牧雪　王俊茗　高振民　译
出版发行：上海科学技术文献出版社
地　　址：上海市长乐路 746 号
邮政编码：200040
经　　销：全国新华书店
印　　刷：昆山市亭林彩印厂有限公司
开　　本：787×1092　1/32
印　　张：6.875
字　　数：66 000
版　　次：2020 年 1 月第 1 版　2020 年 1 月第 1 次印刷
书　　号：ISBN 978-7-5439-7945-1
定　　价：30.00 元
http://www.sstlp.com

目　录

明天我们将如何在城市生活

目　录

会变成纳米社会吗

明天我们将
如何在城市生活

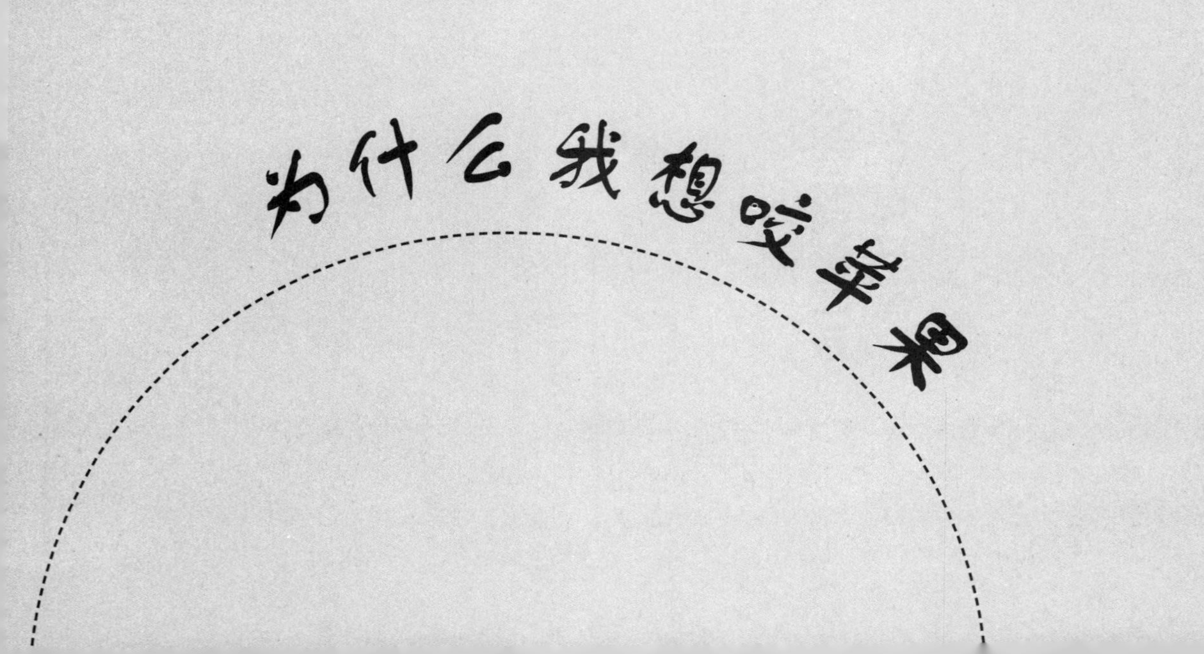
为什么我想咬苹果

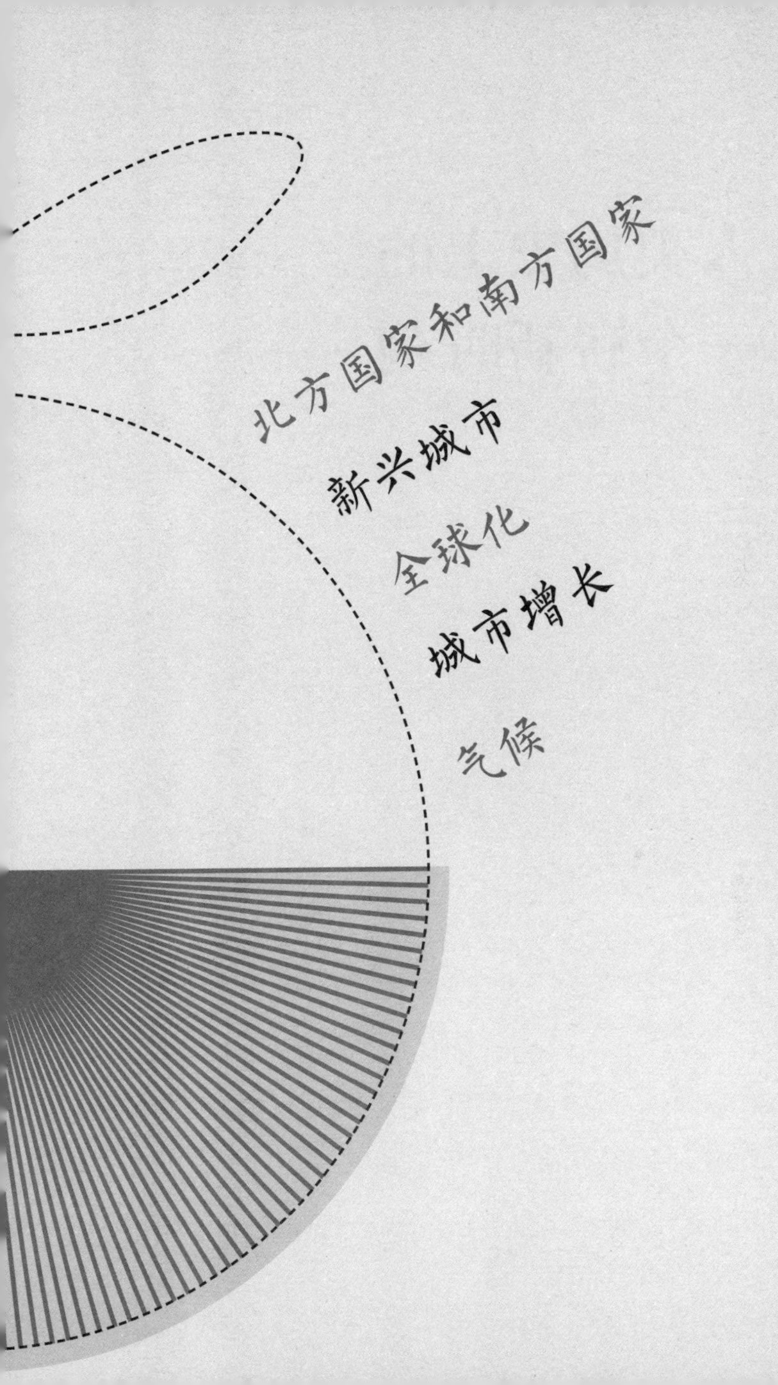
北方国家和南方国家
新兴城市
全球化
城市增长
气候

人类历史上的
一个崭新时刻

迄今为止，无论是大城市还是小城市，都从未容纳过如此多的地球人。然而，在全球城市形成的群岛内部，其发展和财富却十分不均衡。

惊人的数字

大约 8000 年前，在美索不达米亚山谷和安纳托利亚高原之间，城市拔地而起。到了古代和中世纪时期，城市发展起来，并从欧洲扩展到亚洲：11 世纪，高棉王国的都城吴哥拥有 40 万居民，与君士坦丁堡人口数量相当……

但仅从 2005 年起，地球上有更多的人生活在城市，而非农村。

由于该数字十分惊人，最好用具体数据佐证：在 1900 年，城市人口多达 1.5 亿至 2 亿；到 2015 年，城市人口增长了 25 倍，约为 39 亿。这便解释了为何在一个世纪内，城市人口从 13% 增长到如今的 53%。

该为此负责的是南方国家的城市，尽管它

们并非出于自愿。1970 年，全球“仅仅”只有 12 亿城市人口，一半在北方国家，一半在南方国家。十年后，“第三世界”的城市爆炸在拉丁美洲拉开帷幕，与之相反，北方国家人口及城市的发展却相对停滞。这就导致 21 世纪初 30 亿人口生活在城市，其中三分之二居住在新兴城市或发展中城市。至 2025 年，城市人口将超过 45 亿，其中四分之三将生活在南方国家：世界上每三个城市居民中，就将有一个印度人或中国人！

所以，强劲的人口增长和显著的城市增长结合在一起，使我们面临着人类历史上前所未有的局面。

因此，大城市的规模不断扩大。1900 年，若前 100 名大城市平均人口为 70 万，1950 年便达到了 200 万，如今已超过 500 万。越发达的国家，城市化率越高（达到或超过80%），而在新兴国家和发展中国家，城市化率平均接近50%。然而，以下地区却呈现出明显的失衡：拉丁美洲如今完成了“城市革命”，城市化率达到78%,而东亚和东南亚为60%，尤其在撒哈拉以南的非洲为38%。由于城市以惊人的速度发展，所以在今后20年间，将有越来越多的人居住在城市。具体而言，从现今约至2035年，全球将有约11亿的城市居民（其中90%的人口居住在南方国家的城市），这相当地球上每天出现一个等同于雷恩(20万居民)大小的城市。通常来说，城市增长本应放缓，但在全球范围内仍以不均衡方式发展。在今后20年间，撒哈拉以南的非洲可能经历最高年增长率，高达3.4%，而亚洲将逐渐降至1.6%，欧洲最低，仅为0.2%。

气候、能源与风险

无论气候变化和能源限制的程度如何，都将对城市增长产生显著的影响。这个世界确实经历过“爆热”阶段（青铜时期、希腊罗马时期、中世纪时期）和“爆冷”阶段（14—18 世纪）。约至 2030 年，对于拥有将近 80 亿人口（其中三分之二生活在城市）的地球来说，气候变暖的影响可能非常大，并将给全球化世界的平衡和运行带来更多后果。另外，无论大小城市都会造成污染，虽然城市仅占陆地面积的 2%，事实上排放的温室气体却不少于世界排放总量的 70%。中国是全球温室气体的主要排放国（大约占世界排放总量的 25%），尽管必须考虑到中国对煤炭的大量消耗，但其城市化比重在 1990—2014 年从 26% 增长到54%，为世界做了一个严重的警示。

这便将我们引到能源问题上。由于每桶汽油的市价必定会再次上涨，从现今到2040年汽油市价可能出现最后高峰，使得以“福特T型世纪之车”为特征的城市发展模式受到质疑，该模式被推行于美国克利夫兰市中心亮起第一个红灯不久前。我们如今已见证到一些模式的冲击：在中国，交通拥堵日益严重，三轮车在北京的大街上艰难前行，而在欧洲，有轨电车、城市交通拥堵费、市中心限行以及自助租用自行车却十分盛行。

显然，自然风险、流行病、恐怖主义或技术风险的增加都补充说明了这一切：三十年来，多个大城市都经历过大停电。自2000年起，洪水（2012年纽约）或酷暑等自然灾害明显增多，这与气候变化密切相关，同时气候变化也将引起海平面的显著上升。然而，自16世纪起，新的城市大多依港口而建，并且一直十分活跃。如今，已有330多个港口城市接入现代集装箱运输网。但问题在于，不管沿海城市是否演变为大都市，到2100年，它们都将直面海平面上升一米的风险。而在全球的城市和乡村中，将近有五亿人居住在离海边不足5 000米的地方。

全球化影响

随着世界城市化的迅速发展，全球化产生了超大城市与大城市网，它们或多或少成为21世纪经济发展的活跃枢纽。随着社会主义阵营国家面向市场经济的开放，以及信息通信技术的革命，20世纪90年代见证了前所未有的全球经济一体化。然而，这种国际性发展只针对部分“国际大都市”。从卑尔根到塔林，出现了例如“数字汉萨同盟”的创造性城市网络，而从哥本哈根到班加罗尔，集群相互连接，并将科技园内的研究、教育、大型企业与初创企业结合在一起。

在此需要注意一个重要的事实：大城市的规模既不是必需的，也不足以使其成为大都市带与建设中的国际大城市群中积极的一员。若城市与经济发展之间存在必然关联，大城市的规模与其全球影响力却不存在必然联系。相比于法兰克福这样规模较小的欧洲大城市，像拉各斯这样处于发展中的大都市带却停滞不前，一些富裕国家的大城市正在衰落（底特律），其他城市却在加强国际影响力（伦敦、新加坡），对于新兴大城市（上海）来说，不到 20 年便获得了这样的国际影响力。从中我们清楚地发现：北方国家城市是如何逐渐失去从16世纪“大征服”中继承的优势，而这对南方国家城市是十分有利的。相反，我们不应该只重视大城市的经济实力，因为基础设施水平（比如，具备良好的公共交通网络）以及文化遗产与旅游效益同样有助于其全球排名。这便解释了一些欧洲城市，如罗马，虽然经济上处于次要地位，但在接待游客与会议方面仍占有一席之地。因此，全球城市和大城市的现状以及将来的发展情况都是复杂且多变的。

所有人都生活在城市

这些因素结合将会关系到一个城市化水平更高、相互依存度更高的地球。在全球范围内，随着发展中城市的增加，这些因素的结合可能一触即发。这些发展中城市将吸引更多的移民、商品或资本，从而产生新思想，促进交流与创新，一如北方国家城市长久以来的状况。有时是受到家人或朋友的鼓动，有时是在气候、战争或自然灾害的逼迫下，越来越多的人离开贫困的农村，甚至只为在城市里找一个临时住所和一份或许只是非正式的工作。

因此，一些人设想或者担心：是不是所有人最终都将居住在城市？据联合国预测，到 2030 年，将有三分之二的人生活在城市。然而，世界银行有时会把一些城市（如拉各斯、墨西哥或卡拉奇）人口密度的预测修改为约 300 万 ~600 万。这进一步证明了城市，尤其是特大城市无限增长的观点似乎并未得到证实：事实上，我们知道，尤其在南方国家，住房和卫生条件、城市女性的教育和工作、家庭预算，这一切都限制着大城市人口的增长。

尽管如此，在未来几年，南方国家的城市人口将多于农村人口，因此，更少的农村人口需要养活更多的城市人口。某些专家称：此类情况预示着将多出一倍的农业产出。这是我们历史崭新时刻的另一个挑战。

这一切都促使我们自问，在今天以及在我们每个人所能想象到的明天，地球上城市的运行是好还是坏。世界各地城市情况的多样化值得注意：地球上大约一半的城市人口居住在人口不足50万的城市中，然而却有超过四分之一人口居住在超大城市中！2015年，居住在前150名大城市的人口总量超过10亿。这些大城市的人口总量已经逐渐超出人口界线，人们却无法给出科学的解释。聚集170万~210万人口的大城市吸引着投资，并且其生产力增速远超过城市增长所带来的负面影响。相反，城市人口达到600万左右时，将到达断点，将面临更多的困难（交通拥堵、贫民窟等），达到1 000万时，可能发展为人口结构问题。我们无法得出更多的结论，因为在变化无常的森林中，城市的发展和运行只能提供很少的参照。但准确地说，本书将参考前150名大城市中的某些城市，以及那些获益远超过其规模的小型大城市。

严重失衡的城市世界

除了欧洲或北美的一些城市处于衰落期外（收缩城市），大部分北方国家的城市与大城市都具备基本财力来运行，同时保障居民良好的生活条件。诚然，平衡体系很脆弱，正如我们近期看到的雅典，居民生活水平的恶化迫使他们烧毁家具或回收的木材来进行免费取暖……因而导致雅典的污染直线上升。这则消息很好地证明了一个事实，在北方国家所有的大城市中，危机、住房与生活的不稳定会再次成为社会问题。

通常来说，这些北方国家的大城市拥有行政和技术部门，能够确保城市的良好运行，保证绝大多数居民与经济参与者遵守规章制度。这些城市征收地方税，领取中央政府补贴，在其市民的住房、出行以及社会、体育或文化设施等方面采取行动并产生直接影响。这些城市的设施通常年代久远，如奥斯曼公爵设计的排水系统已有150年历史；伦敦和巴黎的地铁运行了一个多世纪。不过，有所缓和的是，如今北方国家城市和人口的增长速度比南方国家城市更加适度，而南方国家城市的状况几乎完全相反。

早在三四十年前，一些城市历经城市爆炸前，南方国家城市的资源就已经受到限制。但自那时起，城市增长导致人们对基础服务、交通、住房和基础设施的需求持续增长，而人力、技术和财政资源却相应减少。由于对水、卫生、交通或垃圾回收的需求日益增长，并超过对资源的需求，这些城市一直面临着城市增长的恶性循环。例如，城市占地面积扩大的速度远快于人口增长的速度：人口在一年内增长超过 5%，同样时间内，城市扩大了 10%（若在发达国家，则扩大更多）。随着人们远离市中心，人口密度降低，在此运行的公共交通越来越亏本经营，却也更加不可或缺。

如今，世界上的大城市与大都市还无法构成

全球范围内的一种新型网络，因此其情况和财富都十分不均衡。试想，我们明天如何在城市中艰难地生活？当然，科技进步的影响仍难以察觉，但到 2030 年，各种形式的经济、能源和环境转型所带来的影响将会显现。因此，首先分析如今这种情况如何在小城市或特大城市中发生，因为所有的城市，尤其是南方国家的城市都面临更多的问题，同时寻找着多种解决方案。这涉及住房难、用水难、出行难或者参与城市管治和规划困难。

创新是多重的，并不仅限于北方国家。在这个城市化程度必然会更高的星球上，在预想并总结今天的分化和趋势如何影响我们明天的生活之前，我们将拭目以待，明天是否会让我们见到节约、绿色、干净、抗冲击，同时又更加多元与“智能”的城市。

苹果核

贫民窟

饮用水

少数族裔聚居区

多式联运

城市管治

居住，
离不开水及其他

城市生活或多或少通过隔离形式，甚至社会排斥表现出来。这在不同程度上表现为难以获得住房，以及在水和垃圾方面城市服务的不足，前者在南方国家的城市中体现得尤为明显。

一个巴黎学生、一对年轻的拉巴特夫妇、一位孟买的职员，以及一个初到利马的农民的儿子，他们之间是否存在共同点？是的，从某种意义上来说：这些人都在寻找住房，但在他们的城市中，自由区的租金令人望而却步。因此，大学生将租一间距离巴黎 10 千米的单身公寓；年轻的拉巴特夫妇为了开始新生活，将安顿在布赖格赖格河上游的一间非法修建的集体住房中；在印度达拉维一个“正规”的贫民窟中心，孟买职员将找到一间临时的两居室；而农民的儿子别无选择，将在首都郊区一个穷苦的贫民窟找到栖身之所。但是，大学生的单间公寓里将有水和电，而拉巴特夫妇不得不到楼下的水龙头取水，孟买职员将依靠路过的水罐车，年轻的农民儿子需要向送水工买水。

把这些人与法国学生隔开的鸿沟甚至更深：涉及市场竞争、公共资源失衡或城市的贫困程度，在南方国家的城市和大城市中，很大一部分人口面临着遭到社会遗弃的问题。尽管北方国家存在的问题越来越尖锐（如陷入社会经济和能源不稳定的低收入家庭，重新出现的微型贫民窟等），社会援助或慈善机构仍然围绕着住房条件差这一问题。

无法否认，在 2014 年，法国有将近 23 万人居无定所或住在临时住房中；卡萨布兰卡有 11% 的家庭（8 万多人口）居住在贫民窟；肯尼亚人口增长的 85% 被蒙巴萨和内罗毕的贫民窟吸收；在孟买市中心的达拉维贫民窟中，至少 80 万人找到"庇护所"。如同南方国家一样，北方国家也有必要缓解土地和住房方面的紧张，这种紧张在发展中城市被加剧。然而，社会空间隔离似乎在“贫民窟星球”和“富人区”蔓延开来：从美国到土耳其，再到韩国，高收入家庭的守卫区增加，在中国或越南也同样如此。

土地与住房

北方国家与南方国家的进程是完全相反的。在发达城市中，地段或土地的规划先于建造，在预先批准的情况下，从地籍经过城市规划到建筑许可证，都是通过广泛的市场和交易的正规化来进行的。然而南方国家却相反，在建造住房前，大部分土地已经被占用（通常是非法的），并且住房不太牢固。实际上，主要在非正式协商的情况下，且协商通常依赖于居民的动员程度，住房的改善取决于土地最终合法化所需的期限，以及街区设施和网络连接。里约热内卢的贫民窟，以及金边或雅加达周边自发形成的居住区就呈现出这样的特点。非正式或不正规的住房（由此导致非法占用或建造，二者都是违法的）占开罗、伊斯坦布尔或突尼斯住房总量的40%~60%。在21世纪的圣保罗，每星期都会诞生一个新的贫民窟。这是南方国家这些城市地价和房价持续暴涨的一个直接后果：一方面，货币不稳定使得土地，尤其是建筑用地，成为投机的真正天堂；另一方面，缺乏对正规住房租赁市场的规范。因此，部分家庭再次被传统的住房渠道抛弃，从而转向非法建造的非正规住房，更糟糕的是，甚至居住在混杂着棚户区和贫民窟的非正式街区。

在北方国家，房价的压力在市中心表现

得尤为明显，这使得一些渴望妥善安置一个四或五人家庭的低中收入租户逐渐退到郊区。在1981—2012年，法国的房价翻了一倍，巴黎甚至翻了3倍；2000年左右，英国或荷兰的房价上涨更快。因此，法国仍有61%的房主，但“公开招租”住房的租户却不足20%，社会住房或房屋中介的租户占18%。由于五分之一的法国租户花费收入的40%来租用私人房屋，所以对他们来说，获得房产变得越来越困难。

在欧洲城市中，社会住房量与强劲的增长需求之间存在着强烈的不符，北美更是如此。然而这种不符在新兴城市中更加显著，同时滋生了严重的私相授受现象：在墨西哥的军人家庭、公务员家庭，以及一些有权势工会成员的家庭中，他们的住房补贴动用了高达50%的专用于“社会”的联邦资源。特别是在摩洛哥，购买社会住房的一套公寓通常意味着需要给出房价 20% 或更多的贿赂。

获得水

谈到“城市基本服务”，至少要符合一个明确的概念：能够饮用安全的水、洗澡、排放废水和垃圾、照明以及正常运行的电器。在城市中，可以满足出行需要。在北方国家和南方国家的城市生活中，这些服务的对比可能最明显。在法国，所有出租房都必须配备自来水、污水处理、卫生间、淋浴或浴缸、暖气和电。但在全世界，主要在南方国家，有 10 亿人缺水，26 亿人无法享有污水处理服务，13 亿人用不上电：这些数字涉及农村和城市——但越来越多地开始涉及后者。

几乎所有欧洲和北美大城市都接入了自来水网和下水管网。由于地理与经济环境使得技术越来越高端，无论在数量还是质量上，这些欧美大城市始终享有可用的水资源。同样，在环境和卫生方面，对废水和垃圾的处理都有明显进步。请注意，在法国以及大多数欧盟国家，供应饮用水是公共卫生法规中的一项义务。如果北方国家的水资源安全可用，将会存在过度消耗的倾向，尤其是价格低的情况下，发展中城市的人口增长速度会远快于供水与水质的改善。从1950年起，印度金奈的人口增长了4倍，饮用水的可用率却只增长了2倍，然而金奈的情况并非特例。因此，南方国家不得不解决北方国家在1880—1950年曾遭遇的问题，时间却缩短了5倍，资金或许要低100倍。大城市发展水平越低，获得水资源越不均衡：每个巴黎家庭每天使用将近120升水，其平均量接近圣地亚哥或曼谷繁华居民区用水量，但在雅加达、里约热内卢或阿比让的普通住宅区内，日用水量有时仅为20升。

水的价格与供应迅速成为震慑贫困家庭的力量，因此“社会”定价开始产生。金奈、德里还有很多其他城市都对用水大户采取阶梯水价，以便为前6立方米水免费提供资助。这一解决方案在于通过税收差（加尔各答的居住税、基多的电话费）或价格差使最富裕人口支付可能产生的超额费用：波哥大水务局就是像这样对用水大户征收高达170%的附加税，同时为最贫困阶层提供78%的用水补贴，为中等阶层提供 24% 的补助。在摩洛哥的大城市，如丹吉尔，2014 年，用水大户每立方米要支付的水价是“社会税率段”受益者的 4 倍。法国也想尝试对最贫困家庭实行低价，并通过抬高上层消费群体和高收入家庭的用水价格来补偿。南方国家提出另一个想法：取消未付款并安装预付费电表，同时恢复电网。在约翰内斯堡，这一做法令 16.2 万户索韦托家庭以预付款作为交换，从而使供水装置得到改善，他们所希望的就是更好地控制开销。

供水水平也非常不均衡。首要问题是自来水管线网维护的困难——当它们已知且存在时。2006 年，圣地亚哥因地下管网漏水浪费了 26% 的饮用水。至于伦敦泰晤士水务公司，由于没有减少维多利亚时代老旧的管道系统和供水系统中的泄漏，导致每天浪费超过 9 亿升饮用水！第二个问题是，在南方国家城市中，贫困区居民（占总数 20%~50%）家中或公用水龙头里经常缺水，当他们不去水井或河边打水时，他们必须从配水栓、水罐车以及推车卖水的零售商那里买水。因此，相比已经接入城市供水管线的中等收入家庭，贫困区家庭要多支付 10~20 倍的钱给水贩子。一个巴黎家庭每天消耗 120 升水，占其年收入的 0.4%，而乌干达或萨尔瓦多的贫困城市家庭将花费其收入的 10%~12% 在水上，可消耗的水却少了 5~6 倍。价格的差距、舒适度的差异以及获得必需品的差异，由此可见对城市中许多人来说，获取水仍是一个难题。

未被妥善处理的垃圾

北方国家与南方国家的城市在垃圾方面的对比也很明显。一般来说，在大多数情况下，大城市的发展水平越低，越多的可用拨款能被用于急需解决的问题，即以垃圾处理办法为代价，把款项用于垃圾回收。如今，日本投入在垃圾处理上的资金是垃圾回收的10倍多，而在印度阿默达巴德，86%的垃圾预算款被用于垃圾回收。不断增多的固态垃圾确实令人忧心，可多达每年13亿吨，到2025或2030年，固态垃圾总量可能超过20亿吨。目前，发达国家是最大的垃圾生产者（45%），排在东亚、中国（25%）和拉丁美洲（15%）前面。在一些城市中，例如马尼拉或雅加达，每个居民每天产出0.5~0.6

千克垃圾；在卡萨布兰卡或波哥大，已经达到了 0.7~0.8 千克；上海为 1.1 千克；在柏林或巴黎，垃圾量大约为 1.2 或 1.3 千克。重量不同，物品也不同：在南方国家的城市中，垃圾桶中大多为有机垃圾，以及已被回收或再利用两三次才被丢弃的塑料、玻璃或金属制品。北方国家情况却相反，有机垃圾平均只占 28%，占更大比例的是纸和塑料。然而矛盾的是，回收往往通过一系列源头分拣（法国大约有 4 500 多个垃圾回收站）和分类收集（特殊垃圾、医用垃圾、电子垃圾等）进行。收集和处理有时由公共管理部门来进行，有时由私营企业提供服务或委托私营企业来做。一些欧洲城市已经开始使用气动垃圾收集系统。由终端进行选择性分拣，然后被吸入地下管网直到几千米外的压缩站：这样的话，街道上就不会再有垃圾车和垃圾桶！

在发展中城市，真正的问题不在于收集垃圾的数量大，而是政府没有能力妥善处理这些垃圾。因此，这些城市利用双渠道来收集、清除和回收垃圾："正式"渠道，交由市政工作人员或私营公司来做，私营商们往往重视富裕街区，因为能获利更多；"非正式"渠道，交由街道垃圾回收人员来维护。由合作社（在波哥大）或行会（开罗的拾荒者）组织的非正式回收人员，结构十分合理，回收其所在城市中至少 10% 的垃圾，使众多批发商从中获益。在德里，8 万左右的巴尔斯瓦人收集的垃圾数量，甚至占每日产出 600 万吨垃圾量的 19%，或在家中，或在翻斗卡车里，或者干脆在堆放回收垃圾的掩埋场里。由于缺乏资金，这些垃圾掩埋场很少得到管控，因而地表会生成爆炸性气体甲烷，地下深处含水层遭到污染。据预计：家庭垃圾可能占温室气体排放的5%。其余垃圾有时会被焚烧，但通常被扔至河中或沟渠内，遭遇强降雨时，便会导致街道堵塞和洪水。遗憾的是，堆肥仍没有发展起来，在雅加达，堆肥仅占7%~8%，而在这种潮湿炎热的气候下，有机垃圾仅需6周时间就可转化成堆肥。在北方国家，焚烧垃圾十分普遍，欧盟更是利用焚烧的特殊价值对其进行更好的掌控，即利用焚烧产生的蒸汽为城市供暖。在巴黎，此种供热网为将近50万巴黎居民和一半的公共建筑（如参议院）供暖，在世界同类型供热网中排名第三。旧金山已经下了一个雄心勃勃的赌注，从如今至2025年，达到“未回收或非堆肥垃圾零纪录”，从而避免垃圾场和焚烧炉造成的污染。

需要注意的是，由于发达城市和新兴城市拥有完整或部分地籍，市政预算和家用垃圾回收税通常为这项城市服务提供资金。这在发展中城市是十分少见的情况，因为发展中城市经常需要重建地址查询，以便提高地方税。因此，亚的斯亚贝巴征收水税或基多征收电税，都是为了垃圾的回收和处理提供资金。也就是说，与获取水相同，相比于发达城市，在南方国家的城市中，处理垃圾是一件更加复杂的事情。

出　行

当人们在城市有住房时，还要考虑出行：在 2011 年，你已经是第 15 亿个在孟买坐过公交车或在巴黎乘过地铁的人。

对于南方国家的许多城市居民来说，只要有一点钱，就能拥有一辆摩托车，或许某一天，期待能拥有一辆汽车。

汽车是整个20世纪的重要标志。从1907年2.5万辆汽车在市面流通，到1940年世界汽车总量跃升至5 000万，再到1975年达到3亿，在2010年飞涨到10.15亿，我们无法否认这一梦想势头不错。

在北方国家，在象征着消费渴望、社会地位上升和个人自由之后，汽车已经不像在南方国家那样广受青睐。虽然随着城市的扩大，有时无法避免要使用到它。在南方国家，面临着气候和能源的挑战，发展中城市经历了各种样式（两轮机动车、汽车、卡车、公共汽车、合乘出租车等）机动化的过度增长。在1970—

1990年，曼谷汽车量增长了7倍，与1990—2003年北京的情况相同。而在法兰西岛，从1967—2003年，这36年间，机动化率只增长了3倍！对此的解释具有双重性：汽车作为“城市成功”的标志出现，同样，在私家车使用量的增长与城市扩张之间也存在着紧密联系。然而，在南方国家的城市中，城市化进程仍在持续快速地扩张。

开动起来！

在美国，城市郊区化扩展到几十千米，使得郊区的公共交通完全消失。一些专家断言，相比以公共交通系统为基础建造的老城，围绕汽车使用而建起的新城可能具备“明显的增长优势”。这种过时且短视的观点只会招致批评。

首先由于交通是气候变暖的主要“贡献者”：2009年，交通占法国温室气体排放量的26%。其次，尤其在南方国家，机动化的增加造成交通的混乱无序。小汽车、摩托车和实用车与多种公共模式（大型的公共汽车、出租车、摩托车、私人小型客车或三轮车）并行。我们越小，占用的空间却越大：在班加罗尔，公共汽车运输55%的乘客，仅占日常交通的16%。而小汽车、摩托车和人力车运输27%的乘客，却占交通的55%。这种惊人的混合模式迅速使城市陷入瘫痪，随之造成严重的空气污染和无处不在的噪音，还有大量的行人（在德里，行人和骑自行车的人分别占死亡事故的50%和10%）和两轮机动车（在胡志明市，70%的事故和80%的死亡都归咎于两轮机动车）也将增加高昂的人力成本。此外，机动化的增加还造成了个人交通和公共交通之间的恶性循环。实际上，汽车的增加与机动化模式的混合加重了交通堵塞和污染。直接后果是交通运行的平均速度降低，从而增加了公共交通的运营成本，实际上，也引起了价格的上涨。因此,为了个人机动化的利益，公共交通的份额往往会减少，出行将越来越艰难……

相反，在欧洲城市中，由于经济危机、环保意识（三分之一的柏林人日常出行骑自行车或步行）和公共交通的服务质量,汽车正在减少。在污染高峰期，汽车分流或让“清洁”车辆先行产生了好坏参半的结果，市中心限行导致城市拥堵费的产生。此时需要一定技术水平，无论在奥斯陆，还是在斯德哥尔摩，或是在伦敦，汽车都必须配备一个电子箱，以便在通过收费站时自动扣费。然而，城市拥堵费并不为欧洲所特有：1975年，新加坡就成为城市拥堵费的开创者；自2008年以来，工作日6点到18点间，汽车或实用车辆进入曼哈顿岛大部分地区，都需付费。许多欧洲城市（柏林、罗马、米兰等）都采用了更简单的解决方案，即带有纳税证票的"环保通行费"，鉴于近期的污染高峰，巴黎也考虑采用此方案。"保障空气质量优先行动区"（或低排放区）禁止各类车辆进入特定区域（例如整个大伦敦）。

未来将是多式联运

在交通和出行方面，任何地方都不存在独特的办法和奇迹，因此，汽车最好的替代品（无论在交通还是污染方面）就是一系列公共交通方式。此处有一条黄金法则，即：大城市规模越大，出行需求在数量、动机和方式上就越大，交通供应就越需要增加、改造和现代化。正如奥地利经济学家约瑟夫 · 熊皮特所言："你可以一直尽其所能付出更多努力，但这永远造不成火车。"实际上，无论在北方国家还是南方国家，公共交通方式都变得十分多样。自 1977 年起，巴黎地铁已经被使用同种"橙色卡"便可乘坐的 RER（巴黎全区高速铁路网）和郊区公交铁路网代替，90 年代起，环形有轨电车也接入了此道路网。中欧和北欧电车的复兴，很好地适应了人口的平均密度，并因此遍布法国三十几个城市，在这些城市中，电车通常占出行方式的 50% 以上。

尽管出色的“高速地下铁”（mass transit railwag, MTR）将像中国香港或上海（20年间修建了420千米)这样的城市与其郊区连接起来，但20年来，这些铁路网的费用使得南方国家的大城市或小城市都纷纷加入到了“巴士快速交通系统”（bus rapid transit BRT）网的优惠政策中。巴西的库里蒂巴和阿雷格里港、哥伦比亚的波哥大、墨西哥和印度的德里都先后调整了道路干线，将铰接公交专用车道并入道路干线中部。铰接公交车每天最多可运输25万乘客前往目的地，就像在南方国家各地那样，郊区特许经营的小客车与大量的人力巴士并行，虽然未经管控但却为居住最远和最贫困的人提供了实时而灵活的服务。

在拉各斯，阿吉古诺贫民窟的居民每天通

过不同方式（出租车拼车、小客车、摩的、三轮车等）花费3个小时往返市中心，这些方式在寸步间就占了他们预算的20%。不同的是，这种“必要的多式联运”在北方国家的大小城市中被系统地建立起来：开车到快速地铁站，将车停放在停车换乘处，到达城市后，乘公交车去上班或骑自行车去购物，所有这一切都用月票来支付。如果说目前上海将近一半的出行是靠公共交通工具，那么这种现象是从手机植入多联卡时才出现的，因为它可以用于购买公交和地铁网的车票，还可以用来乘坐出租车或购物。

这些现象充分反映出全球正处于一个深度更新的机动状态。

谁来管理和组织我们的城市

每个城市居民最终都会提出这样一个问题：谁做决定？如今谁来负责城市的运行？媒体上各种规划和方案大行其道，谁来对明天城市会变成什么样负责？我们又该如何参与其中？

我们已经看到地方政府为保障城市基本服务或方便居民出行所采取的行动。但如果他们当前的任务是更好地确保城市的运转，那么，他们未来的责任可能是令城市更持续地发展，开发计划和城市规划必须服务于此。

规划与方案

一方面，发展中城市更希望引导城市的强劲增长，却对其增长缺乏控制。另一方面，新兴城市或发达城市更希望通过高效的运输和良好的通信手段、舒适的居住环境以及国际性（商贸中心、会议中心）和地方性基础设施，为居民和企业构建出更有吸引力的未来。

从大城市或市镇的一块土地到城市的普通一角，所有这些都是不同规模和不同精准度的发展计划和方案的结果。但经济危机带来的经济不确定性以及对城市预算和家庭预算的影响仍然存在，因此，我们今天要做的是设想可能出现的局面,而不是用准确的方法来预测。再者，我们并不是要"一意孤行"，而是要进行讨论，达成妥协和共识。最后，无论在北方国家还是在南方国家，最成功的整治规划不是实现了一个团体的所有方案，而是把这个团体置身于整个决策过程之中。

这也就意味着，不存在没有方案的规划，尤其不存在没有规划的方案！在城市的世界中，我们看到城市和经济再开发的方案与日俱增。在南方国家，这些方案主要面向国际投资者，而在北方国家，尤其在欧洲，则趋向于以更加环保的观点融合住房与活动。多数方案的基本条件是接入国际运输网：伦敦北部一个火车站附近的换乘枢纽、班加罗尔或首尔机场附近的高新技术园区都通过地铁与市中心相连，就像在哥本哈根或在阿姆斯特丹那样。无论是北方国家对城市质量的迫切需要，还是南方国家对外商直接投资的吸引力，大型城市方案都必须放在一致的战略当中。否则，人们将会看到城市的发展仅限于一系列没有真正联系的活动，交通连接不畅，同时缺乏吸引力与持续性。

近十五年来，我们同样可以发现许多大城市推广了全方位的城市营销，比如建造最高塔的竞赛（迪拜塔，828 米；上海中心大厦，632 米；纽约世界贸易中心，541 米，暂时位列前三名）或组织国际性重大赛事（奥林匹克运动会、世界博览会等）。如果奥林匹克运动会可能重振整个城市或城市的一部分（1992 年的巴塞罗那、2008 年的北京地铁、2016 年的里约港口），那么就可以放手一搏。但从长远角度来考虑此类活动的成本，确实需要勇气来预防经济的再次衰落。雅典各类设施的荒废就是最糟糕的例证。

权力的游戏

另一个难题是：城市的领土和吸引力越大，越可能成为大城市，地方权力日趋增长、交叉并且相互竞争。然而，这往往会导致权利重叠。

在此，我们用三个例子来说明上述问题。首先是突尼斯城，它起初位于一个大区，但随着城市扩张，这个大区先后被分为3个省和4个省。由于在大城市的管理上存在着多种差异，所以只有中央政府能够解决，也就是马基雅维利所说的“分而治之”。其次是柏林城邦，它于1991年再次成为重新统一的德国的首都，但比起环绕它的勃兰登堡州（比柏林大33倍），柏林的领土却没有扩大。其中就包括耗时十五年建造，却一直未完工的新国际机场的毁灭性故事。谈到多伦多（1997年）和开普敦（2000年），它们分别将各自的市镇合并为一个“唯一的城市”，但这些合并过程的报表，尤其财政报表仍然非常混乱。结论令人沮丧：管理大城市的完美办法并不存在，占优势的往往是中央政府。亚洲的强国使用了激进的解决办法，例如在越南，任命大城市的市长，或像在新加坡，废除地方行政区。这从根本上有利于大城市的协调管理，但损害了民主管理，尽管新加坡城市规模小（761平方千米，相当巴黎及其近郊的大小），人口数量少方便人们通过网络直接与权力机关进行沟通（这就是电子政务）。另一种情况下，国家会把权能下放到大城市，可能还有拨款，但会避免其建立相应的政权。圣地亚哥集中了将近智利人口、就业以及国内生产总值的45%：

拨款能适应这个过度发展的首都和区域发展规划，但没有任何机构合并这 34 个市镇。选出一位没有适当方法的管理者并不能改变分权状况。蒙特利尔城市共同体更像一个协调机构，而不是一个联合 63 个市镇的共同体。或许这就是为什么一些人主张要“解体”。1999 年建立的大伦敦的情况更糟，拨给市长的财政资金以及市长在城市市镇（行政区）中的职权都受到了限制。而南方国家大城市的财政控制更强，更何况几乎所有用于发展的国外援助都要经由中央，还有可想而知的“扣缴”。实际上，这些区域并没有自有资金：在撒哈拉以南的非洲，城市占国家 GDP 的 60% 左右，但目前自有资金占城市 GDP 却不足 1%，人均大约 6~8 美元。无论在北方国家还是南方国家，各国都展现出无尽的创造力来维持（甚至在必要时重建）分裂的领土以及相互竞争的各方力量：在接下来的几年中，未来的大巴黎和法兰西岛大区之间的关联将充满教育意义。

致市民的话

幸运的是，或在集体层面（社区间的合并、城市行政区的合并等），或在居民层面上，都出现了一些修正措施。我们震惊地看到，在过去 20 年，通过地方权力的扩大和民主管治水平的提高，世界上的城市获得了多么瞩目的成就。通信技术的普及或许方便民众对国家权力控制做出反应，而且南方国家的非政府组织和北方国家的协会也在积极地接替国家权力控制。以住房为例，海地的非政府组织或者法国的皮埃尔神父基金会都在以各自的方式发挥着地方支持和社会发起人的作用。另一个很好的例子是参与性预算。1989 年，参与性预算由巴西的阿莱格雷港首创，并自此在全世界被广泛使用（包括继柏林或罗马之后，2014 年开始的巴黎），这一机制使民众能够参与到拟定市政投资预算当中。如果说它与北方国家的民主制度非常相近，尤其近似欧洲，那么参与性预算往往是为南方国家城市所设计，以便改善社会贫困群体的日常生活水平。在提升地方政府和公民之间的沟通和透明度以及减少腐败方面，其影响尤为突出。

也就是说，在过去的 30 年，参与式预算在世界各地的普及，很好地说明了北方国家城市是如何从南方国家城市构想的创新决策过程中获益的。同样，在南方国家的城市中，城市基础服务的参与式管理逐步发展起来，居民可以参与到同一个方案中（例如饮用水供应），居民也可以与当地运营商共同管理。在法国和欧洲城市的一些生态住宅区内进行的试验与这些方法并没有相差很远。我们可以使其更接近北美正在展开的前瞻性工具和建模工具，以提高公众意识，同时形成一个大城市区域对未来的共同愿景。自20世纪80年代起，在洛杉矶，例如Compass（字面意思为指南针）工作室，就已经吸引将近1 300名的参与者来共同制定南加利福尼亚州长期发展规划。紧接着地图、区域论坛和互联网辩论都使得这一共同商议引导了2030年这个地区的整体规划。

面对着权力的大城市化，或者恢复由中央

政府控制，我们在未来有希望看到这些地方权力演变进程以市民的名义发展。

研究前景

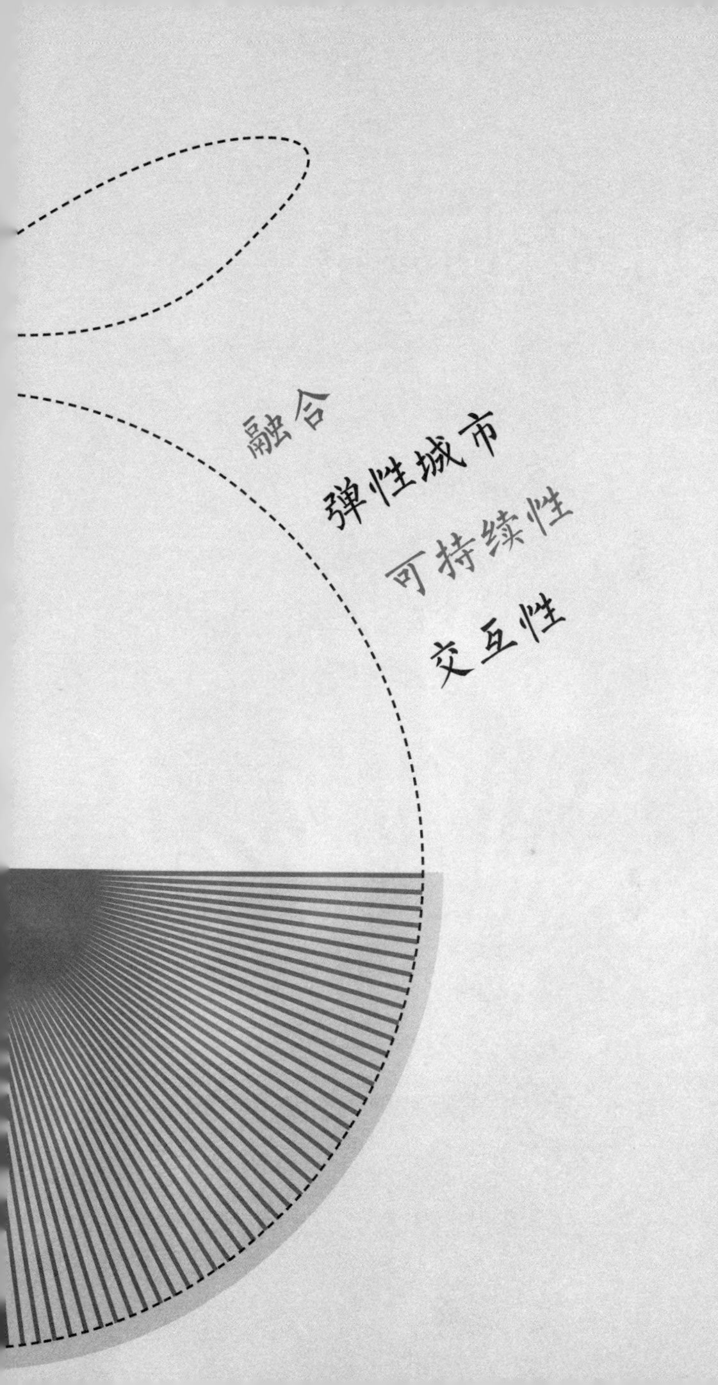
融合
弹性城市
可持续性
交互性

更加环保的城市

目前我们已经总结了如今城市生活中的一些基本特征，接下来将以横向比较的角度来考虑这个问题。鉴于各种环境创新正在日复一日地出现，试想，明天能够留给我们什么？

更加节约的城市

城市应该逐步趋向消耗更少的空间、能源以及减少出行。

更少的空间：首先，尤其在北方国家，其城市扩张比人口增长高出 5 倍，不过好在比南方国家要低得多。住房及其周边空间越大，就需要越多的道路用于行驶和停放大量汽车，而排在交通运行之后的就是购物中心、设施以及活动空间等。相比之下，法国一块土地的平均密度为每公顷 50 至 60 人，而在南方国家的同一座城市的不同街区，人口密度却在每平方米 660~2 700 人不等。鉴于城市周边空间的过度消耗，北方国家不得不进行转变而不是扩张，将走向一个更加密集的城市模式。这可以通过对街区人口密度的控制以及有效对抗城郊边缘“住宅增多”来实现（正如我们在法兰西岛和渥太华看到的，绿化带仍然很薄弱）。建造“地下城市”（例如地下基础设施的发展）的尝试似乎处于边缘状态。总之，一个城市越密集，越容易增加城市热岛效应，面对全球变暖对大城市的极端影响，这是一个真正的问题。

更少的能源：在这里，我们想到“城市四因素”这一象征性目标，即到2050年，全球温室气体排放量将减少四分之一。在通过美国的技术整改来保留汽车的观念与欧洲鼓励公共交通工具和“活跃”的交通模式（步行和自行车）混合的观念之间，各大洲的交通没有巨大差异，所以这一目标是无法实现的。节能显然也会影响到住房领域（在纽约，65%的二氧化碳排放来自建筑物）。在欧洲，这既涉及新城市中的低能耗建筑新标准（自 2013 年起，法国根据区域和海拔高度建立了著名的 2012RT 标准，即 40~75 千瓦时 / 平方米 / 年），也涉及为隔离旧城而给予的财政援助或直接帮助。

更加绿色的城市

谈到“城市化”便不可避免提到对环境的影响，比如富有生物多样性的自然空间的消失、生态系统的断裂和景观破碎化等。然而不管在整体外观上还是在布局方面，明天的城市可能将更加绿色。因为大部分城市绿树在减少大气污染（尤其对于一氧化碳和二氧化氮）方面发挥了重要作用，而它们需要的不过是几米的宽度。然而，污染随着机动化而增加，同时热浪也可能越来越频繁地出现在大城市。从现今至2050年，纽约的热浪每年会持续一至两个月，到2080年，可能会达到两个半月。假设当地的气候仍然允许真正的绿色空间，公园和林荫路将不再足以阻挡这种情况。

因而，我们应该看得更高更远。这就是为什么无论是欧洲或亚洲的大城市中心，还是中国的生态城市或法国的生态住宅区，很多都是通过“绿色框架”构成（有时也是蓝色的）这比传统植树的途径更适合。

自2012年起，蒙特利尔大区积极推行了一项基于其4 360平方千米领土内的大型河流、森林和公园的政策。所有这些地方都可以通过自行车、船和公共交通方式到达。金边也制定了一个宏大的方案，在未来的20年以下面的方式来规划城市，即将河流、运河与城市植树步道和其他植树步道连接起来。在更小的范围内，敦刻尔克或波尔多实行的法国生态住宅区，就像斯德哥尔摩的哈马碧新区和哥本哈根的奥雷斯塔德新区一样，都体现了同样的方针：整体的绿色或蓝色框架，即在生活环境中优先考虑公共交通、垃圾回收、节约用水以及节能建筑。

但是，在未来的城市中，通过房顶和露台的绿化，植物可能变得更加本土化。例如，对东京所有新建的摩天大楼来说，尽管抗震标准限制了楼顶的承重，但加强楼顶绿化仍是近期须进行的任务。2012 年，法国建造了 100 万平方米的新型植草屋顶，是德国的十分之一。仅在巴黎就有 22 万平方米的屋顶被种上了植物，但不管在哪里，达到的隔热与“隔冷”效果则好坏参半。简单地说，绿化区比城市的其他区域凉爽 2~8 摄氏度：在酷暑时期，冷岛效应（绿化区、屋顶和墙面绿化）与更为密集且通风不畅的热岛效应形成显著对比，并且在夜间，热岛效应的温度远高于城市周边。这一现象可能导致气候的变化，盆地、湖泊以及河流中的水是应对热岛效应的另一重要因素，将二者结合成一个蓝绿框架就可以发挥积极的作用。因此，柏林自 2004 年起就在全境制定一个"景观方案"：在景观或环境补偿措施的优先区域内，沿河形成以绿色空间与自然空间双带的十字形网络。该举措有利于城市上空冷气流的循环，从而冲散被污染的空气且缓解热岛效应。但遗憾的是，这一创举在世界各大城市中仍很少见。

城市的另一种流动性

2010年，尽管法国机动车运输仅排放25%的污染物，排在住房供暖后（占27%），但大气污染意味着有必要对机动车运输采取行动。除交通分流外，城市拥堵费的理念也证明了自己的价值，却不能解决任何问题：它们往往会导致边界区域的交通和停车量增加，收益却低于预期。另一个导向倾向鼓励公共交通和“活跃”模式，严格限制高污染的车辆进入市中心：假设法兰西岛50%的细小颗粒物（PM2.5）来自道路交通，那么其中70%是由柴油车造成的。在这一方面，可以从源头、制造商和顾客层面或限制性的纳税证票来进行控制。东京当局的反柴油战使2001—2011年空气中细小颗粒物的浓度降低了55%。毫无疑问，促进多样化模式将长期标志着我们大小城市的面貌。尽管自行车逐渐在大部分大城市和欧洲城市中寻得一席之地，却以与汽车、公交车和实用车辆之间的冲突为代价，这不得不让我们想起南方国家由于交通的极端混合而经历的一切……这些南方国家甚至设置了自行车道路网，尤其在拉丁美洲：在波哥大，此道路网长达300千米（巴黎则有600多千米），墨西哥还另外设置了共享单车系统，该系统类似于巴黎自行车租赁系统或自1995起全球260个城市设置的系统。此外，为使活跃模式（“软模式”）真正融入城市交通，从华盛顿到哥本哈根都实行了“自行车战略”。这就意味着人们必须意识到自行车自身的局限性。然而自行车的消失有利于胡志明市的摩托车或中国主要大城市的私家车发展。出于“文化”原因，私家车仍将在美洲持续很长时间，同时由于郊区的无限扩张或人们的不安全感而逐渐增多。

相反，在欧洲，直到20世纪八九十年代汽车仍然占据着优势地位，但未来这一地位可能将发生改变。2008年，在巴黎有一半的家庭没有汽车，另一半家庭总体使用汽车出行仅占日常出行的15%~20%；在马德里，汽车的使用率仍达到27%；在柏林或布鲁塞尔达到40%，总体上还是呈现出了一个严重的下滑趋势。因此，重新配置交通干线以及提前预测更好的道路分配就显得尤为必要。一些北美的大城市，如近期突然被快速公路穿过或进入的波特兰或温哥华，已经选择取消快速公路并将其转化为多用途道路。在加拿大或是澳大利亚，以及近期在英国，一部分城市道路干线，甚至是高速公路都预留给拼车使用。同样的方法，我们可以考虑批准电动汽车，正如加利福尼亚州自 2005 年起所做的那样。2006 年，首尔市中心的一段河流在拆除覆盖它的公路干线之后重新开放，河岸因而得以重建，并建成将近 6 千米的散步场所和人行道。巴塞罗那的“22@”计划中提出要将供汽车使用的主干路与为软模式准备的次干路分开，因为这能够保护城市楼群的环境质量与声音质量。因此，由于环境、能源和社会的压力，北方国家的城市不得不投入到较缓和的机动化中，而发展中城市仍然需要很长时间才能形成多方式交通，这是社会经济极其多样化的表现。这并不会阻碍发展中城市的创新，就像我们所看到的高服务水平的公交车，或者更有趣的是，通过一些不寻常的交通模式，如城市缆车。然而，这些“地铁缆车”的低承载力（每小时单向最多可承载 3 000 位乘客）限制了它们对 200 万人口的小型大城市（如麦德林或加拉加斯）的影响，在那里，“地铁缆车”以惊人的速度打破了贫困地区的封闭状态。

弹性城市

不仅气候失常会导致自然风险的增加，城市增长、城市密集化以及城市扩张同样令自然风险的影响力倍增。所以，除了仅仅预防这些风险之外，我们现在来谈谈城市弹性。它的观点是动荡能够影响一座城市，同样也是城市持续发展的机遇。如果我们事先把灾难纳入城市的运行和领土当中，那么，一旦超过了某一界限，灾难可能会展现出积极的变革前景。比如，我们近期通过将地震、洪水或地表运动的风险与城市不同程度的敏感性（网络、活动、不稳定的住房、古迹等）进行对比，研究了阿尔及尔省整体的脆弱性和适应性。这样就能更好地确定其需要中期或长期发展的地区。按照同样的逻辑，北美、荷兰和法国也出现了领土气候计划，在这些国家中，超过5万名居民的地区必须强制执行该计划。它们的目的是什么呢？为了使城市适应气候变化，并且令居民和经济活动的利益具有很强的恢复性。未来的重点是体现明天城市的革新。华盛顿特区的“气候行动计划”重点关注能源（效率、替代性可再生能源）、资源（回收、绿道）以及交通与紧凑型城市之间的良性循环。芝加哥的“气候行动计划”同样也在2008年被推出，重点围绕替代运输：乘坐公共交通工具出行占30%以上，每年100万次的日常出行通过活跃模式完成，机动车的能源优化与进入市中心之间存在着紧密的联系，共享汽车与拼车蓬勃发展……

共享更多的城市

城市前景显然不仅仅只关涉环境领域。在明天的城市中，无论从居民关系上，或从目前“全面”的信息渗透方面，人们还必须试着去评价彼此的交流方式。

所有状态的融合

北方国家城市的权威人士和专家都频繁使用“社会融合”与“持续性”二词，而在南方国家，这几乎不存在。同样要承认的是：新兴城市与发展中城市是极其隔离的。人们在这里沿着贫民窟竖起一道高墙，富人们一边在守卫区坚守堡垒，一边仍把既没有商店也没有基础设施的住房“分给”（小）中产阶级。在北方国家，这样的差距非常细微：要么任由资产阶级化机制或“新中产阶级”机制更新一个街区的人口（以及房价），要么融入“邻避症候群”（not in my backyard，即别在我家后院：你可以实行你的方案，但请离这里远点儿……）的压力当中，要么就像在一些法国城市中那样，人们宁愿交罚款也不愿建造社会住房。

对此，我们必须认识到，在法国和其他国家，大型居住建筑群（与现存城市无关，逐渐退化并被边缘化成另外的“城市”）已经对200万个等待社会住房的家庭产生了消极影响。在城市中进行的各种形式的试验取得了显著成果，但仍然不适合大多数问题。至于在欧洲和北美进行的社会和城市复兴政策，最终都以优劣互见的结果而告终：尤其在法国，甚至通过“炸药”来降低“敏感”地区的人口密度并重新配备,这些所谓的“敏感”地区主要仍是贫困人群、不稳定群体以及少数族群的居住地。

那么其他地区呢？在城市世界的其他地区，8.62亿人口(联合国2012年数据)生活在贫民窟。不过，明显的进步是：他们不再用推土机驱赶这些人，而试图“重新安置”这些居民。摩洛哥正在尝试提供社会援助（重建住房地段分配文件、家庭的财政帮助）和小额信贷住房来帮助最贫困人群获得住房。

然而，这不过是妄想：与其他地方一样，庞大的相关人口数量，以及贫民窟几乎迫使农村过渡为城市，二者使得贫民窟将一直是南方国家城市的特殊之地。贫民窟是一个既没有城市基础服务，也没有北方国家城市的社会缓冲的地方。矛盾的是，它们往往在这里构成一个群居地，在那里组成一个动员地，一步步地与当局谈判关于住房安全或通水的问题。

社会的融合，也是代际间的融合。在发达国家，如在法国（60 岁以上人口占 23%），对此已经谈论了很长时间。但这更涉及南方国家和城市，因为65岁以上人口将会在20或30年内翻一倍（尤其在中国），而这一过程在法国却花了100多年。然而,进入老龄化城市是流动性、各类设施甚至信息的关键问题。更好地融合各代的想法必须参考住房问题，就像为老人和年轻家庭准备的安全出租房项目所显示的那样。但同样，我们在很多共享服务的优惠（学生住房带家用器具、厨房和配套设施的类型）中也可以找到这一想法。

大量的个体微行动加入到更有“针对性”的公共行动中，导致未来的城市呈现更加融合的趋势。问题在于，每个人都应该在各个层面上逐渐建立融合，因为融合并不比城市的可持续发展决定得更多。当北方国家的共享汽车和拼车持续快速增长时，必然要提到机动化领域不断增强的融合。拼车指驾驶员在特定路程内与他人共享汽车，参与度很小。共享汽车则更多是在短时间内提供预订车辆的服务。这些汽车运营商（自由规定服务收费）可能是公共的、私人的或联合的（如在加拿大）。自 20 世纪 80 年代起，此类服务出现在柏林和伦敦，90 年代以后，相继在加拿大和美国出现。同时不要忽略介于这两种模式之间的出租车，可以通过手机定位、预定和付款……如果像在旧金山那样，几个乘客共享一辆车，就会更便宜了。整个拉丁美洲通过互联网再次强调：比“融合”城市更好的，就是共享城市！

更加“智能”的城市

机动化领域的创新使我们借助于信息与通

信技术，在明天的城市中，这些技术仍将使我们的生活发生巨大变革。

得益于各种媒体对信息的实时收集与传播，城市流动的管理将经历一次真正的变革。在伦敦交通管理中心（traffic update desk），管理处人员将社交网络与监控摄像机的数据，以及遍布伦敦公路网 3 000 个地点的自动监控系统中的数据交叉在一起，与警局、运输经营者和气象服务等相连接。因此，管理中心可以远程操控交通信号灯（平均减少 10%~20% 的等候时间），并且给公众和媒体提供最新的信息。由于私家车的特殊设备和智能手机软件，不同系统上的驾驶员信息也在大量增加。智能手机软件还能根据特定的车站实时定位公共汽车。“开放数据”的举措响应了城市交通大数据，比如，一辆通勤列车运营商把公司的数据提供给游客使用，目的是令乘客产生新的想法，同时由他们自己丰富现有信息。这就是“智能”城市的两个方面。一方面，建立起与用户和居民的互动关系，因为他们既是消费者也是信息的生产者（涉及出行、能源消耗以及获得设施和公共服务等）。另一方面，数据库、网络库或数据收集库相互连通，为城市的运行（运行不畅）提供了实时视图，从而利于城市管理。因此，对于决策者来说，城市测绘和领土管理在很多领域都具有无限的可能性。远程工作这一旧想法在数字城市 2.0 中再次成为热点话题。阿姆斯特丹发展的“智能工作中心”减少了由机动化带来的需求与危害，保证了市郊的人口与活动。

韩国的松岛新城无疑想通过资源优化管理

而成为数字城市 2.0 的一个典范：通过热电联产产出电能，然后消耗电力，在高峰期触发报警，通过集中式气动系统分类和收集垃圾、回收废水，以及回收 75% 的建筑材料等。此外，还有对公路交通和信号装置（事故、污染等）的动态管理，或根据人群密度调整公共照明水平。从脸书（Facebook）或推特（Twitter）用户的各种个人数据遭到利用来看，控制居住环境（照明、厨房、取暖、百叶窗和远程监控孩子等）有待讨论。这一切可能代表一种进步，因为能够借助视频监控摄像头的方式来对抗犯罪。但这种进步具有两面性：一旦超出所有好的用意，“智能”城市很可能威胁到居民的自由。

置身其中，如何应对

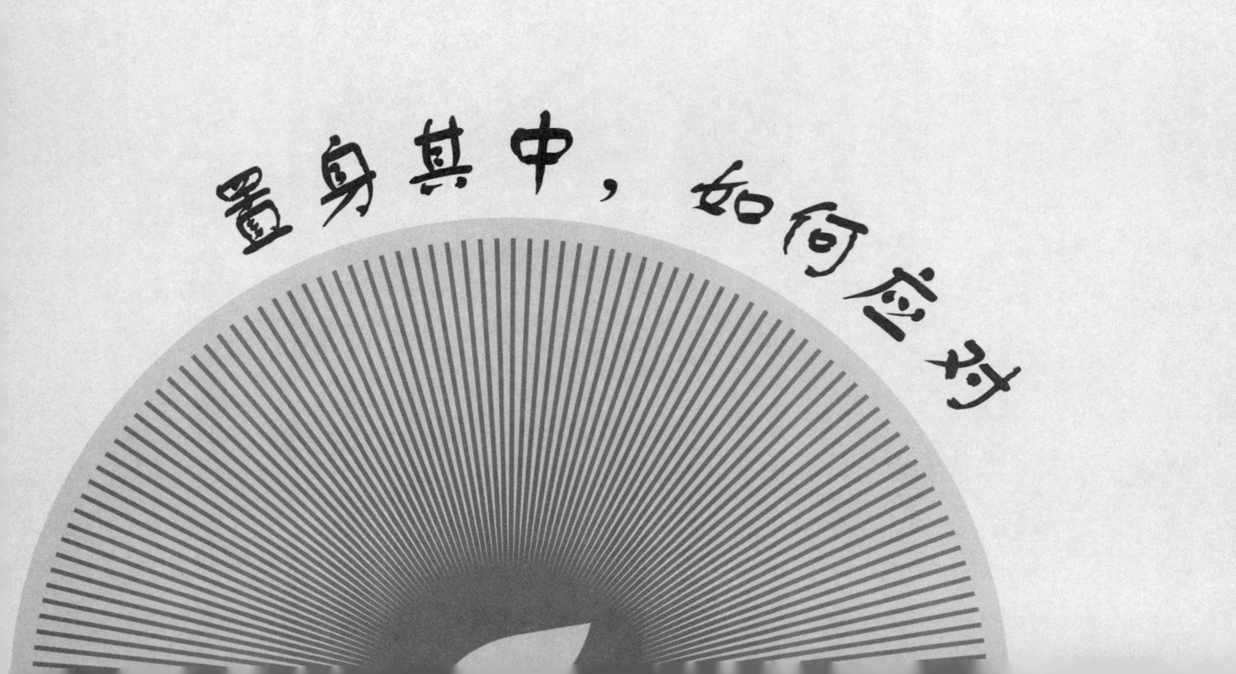

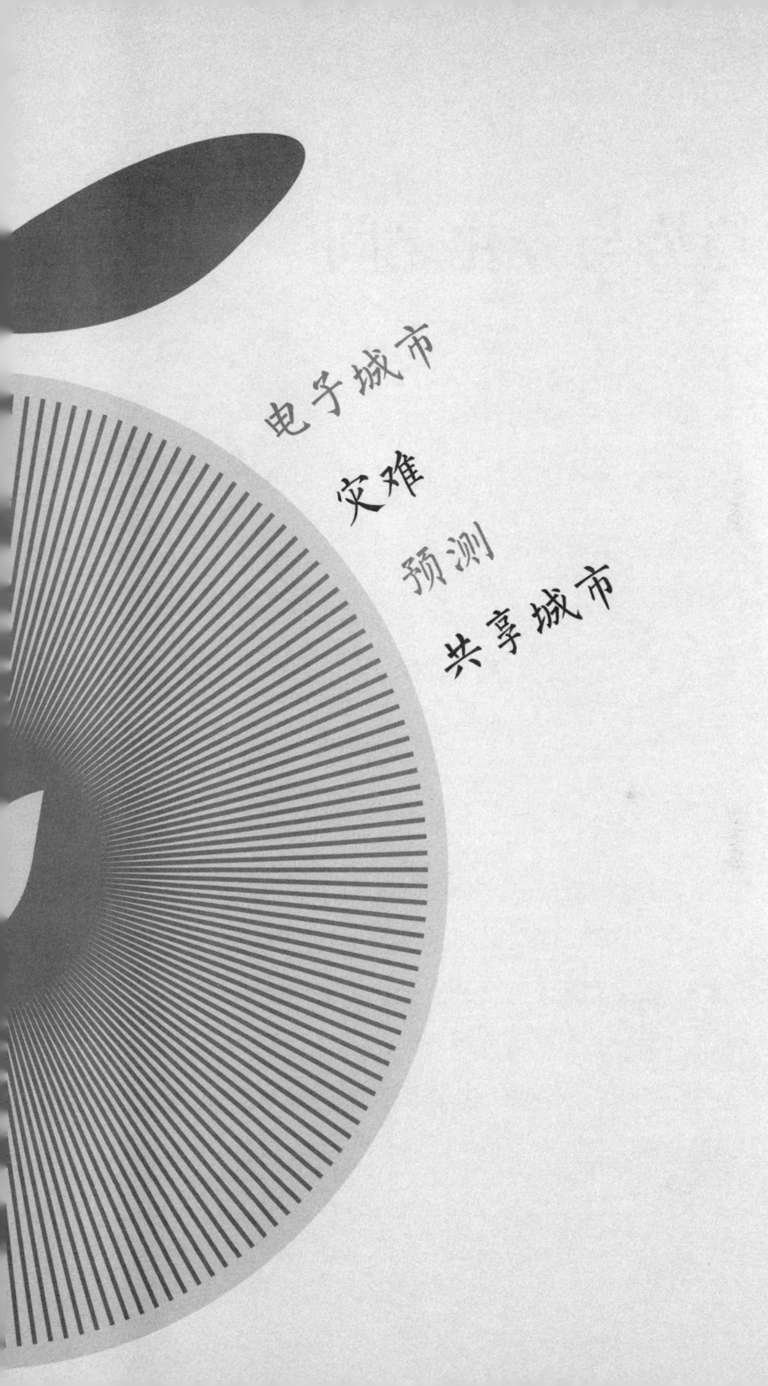
电子城市
灾难
预测
共享城市

趋势与分化之间

尽管城市的画卷上已经点缀了一些颜色，但看起来似乎还是黑色的。在未来，分化仍将继续影响我们的城市生活，对此，我们根本无法视而不见。但明天的城市还会和今天的城市一样吗？南北国家之间的差异仍是合理的吗？

显然，南北国家的城市之间存在着各种差异，这对明天我们应该如何在城市中生活毫无帮助。到2030年，在四分之三的城市居民将生活在发展中城市的情况下，或多或少参照发达城市的模式，他们无疑将创造出一种新的城市模式。直到20世纪90年代，北方国家与南方国家之间的“主要差异”还十分明显，事实上却日益变得模糊，更何况这种差异融入了全球经济以及小范围的城市之间的竞争当中。一个城市的基础发展越好，在困难以及优势方面就与北方国家的城市越相近。根据之前章节提到的那些主题，我们能否勾画出未来城市生活的趋势或者分化呢？

城市更新

生态、社会、政治乃至气候压力都可能唤

起人们对生活在一个与自然、环境相关的城市中的基本期望。如果我们在蓝绿框架中加入了黄色（地理学家通常用这种颜色来代表农业），仅仅因为在南方国家，农村人口的减少将会加强城市以及其周边的农业。城市农业已经养活了全球八分之一的城市人口，有利于有机垃圾的回收，并在农村与城市居民之间建立起短期的食物供应链。从现在起，人们在北方国家试验一种邻近原则，即农民通过中转站把大量订购的货物交付给“订货”的城市消费者。

之前提到的欧洲生态居住区与这种期望非常接近，但它们仅限于城市的部分区域。因此，人们对于真正的“生态城市”，仍然抱有比较怀疑的态度。在阿布扎比附近的沙漠，马斯达尔生态城的奇特试验更像是未来城市中的一个展览厅，用来展示交通和可再生能源，而不是一种城市模式。真正的问题是，面对北方国家那些值得称赞却很局限的试验，如气候计划、生态居住区或环保费等，我们最先看到的是南方国家城市的机动化率仍然在继续上升，混乱的交通使其成为全球主要污染源之一，这与可持续发展截然相反。市民迈向可持续性城市更新的道路还很长，尤其是当这条路如果继续局限于特定方案，与整体规划没有太多的联系与连贯性。

被信息排除在外的人们

人们也担心未来难以适应越来越数字化的城市，实际上，这些城市却不够"智能"！一方面由信息和通信技术支撑的上层的野心，另一方面是比较开放式的社会生活，二者之间存在明显差距。电子政务成为管理城市变化的工具：电子政务用来提供邻近服务（注册或参与公共事业等），大数据用于了解和引导城市运行。在北美和欧洲、在巴西经马格里布到中国，以及在快速发展的非洲，虽然在可获取性、基础设施以及使用方面的数字开放指数高，但分化只会越来越严重。此外，在北方国家城市吸引大量被排除在外的个人和社会群体的情况下，数字化鸿沟仍旧存在，因为即使大多数城市居民（尤其35岁以下的居民）会上网，仍有20%的欧洲人从未使用过网络。难道从地域隔离，经由社会经济排斥后，到了数字化鸿沟吗？科技发展的速度令人难以评价这种社会风险。如果2012年非洲的互联网连接率约为16%，那么，大多数用户（大约70%）上网是通过他们的智能手机。所以，科技的发展既能把一方排除在外，也能够开放和连接另一方，再一次对南方国家与北方国家的坐标造成干扰。

城市中的新权利

在我们自己的城市中，我们中的一部分人是否面临着越来越大的孤立生活的风险呢？换句话说，根据我们来自北方国家还是南方国家，“在城市中的权利”将会是什么？人们熟知，在发达城市中，纳税人、网友、选民能够抓住分权对城市化文件、道路或建筑方案等进行商讨并参与其中。然而，由于城市生活成本的增加，就业和收入越来越不稳定，这种不稳定正将一部分人从一千多种形式的公众辩论中排除出去，这部分人甚至超过了贫困人口。那么当住房、就业和出行都是非正式时，且在南方国家的城市中这一问题已经不应当被排除在外的情况下，又该说些什么呢？然而，正是在这种情况下，为了在短期内处理问题，并在相当长的时期内改善这种情况，制度化的方法、家庭社交以及群体动员相互联合。除仅仅参与以外，大力发展“储金会”的实践也可以对此进行说明：通过动员对集体来说至关重要的供水、卫生设施或电力方案，某个团体分享储蓄来解决个人或集体的问题。在未来的城市世界中，如果我们能够看到“城市权利”出现新形式，是最好不过的。但从墨西哥到雅加达，从伦敦到开普敦，人们来自哪里或居住在何处，仍会在长时间内对这一权利的使用造成很大不同的影响。我们的城市星球既促成富人区的形成（那些过于闻名的守护区)，又导致贫民窟的出现。结合当地情况，比起住在塞纳-圣德尼省的一个敏感城区或芝加哥的一个“困难”街区，来自利马一个“失落的旧城”或孟买达拉维一个令人难以置信的拥挤区并不一定更具歧视性。2005年法国郊区骚乱或2011年伦敦暴乱都产生于一种被驱逐的情感，这种情感往往被认为是南方国家边缘化人口才有的。因此，城市的融合仍将很难实施，法国某些市镇的抵抗说明了该问题，它们社会的住房率仅20%或25%。更糟糕的是，新兴城市和发展中城市仍将公开拒绝社会融合。密度、居住场所、网络、绿化、污染以及基础设施，这一切仍将长期使智利圣地亚哥富裕的市镇(例如拉斯孔德斯或普罗维登西亚岛)与其他地区城镇形成对比。

预测（以结论的方式）

在一个充满大城市的世界中，我们的生活会变好，还是不会变好呢？随着反复出现的灾难，我们的生活又会怎样呢？生活在 2015 年的城市居民的期望会在 2040 年找到共鸣吗？创新与沉重，希望与危险混合的初步结论……

无论城市世界展现出来的是创新还是分化，我们明天的生活既不会非常美好，也不会如噩梦般黑暗。事实上，明天的生活更加难以预见，以至于我们每天都在丧失更多的评判标准。因此，最好去感受如今上海的进步，而不是底特律社会经济的没落。这些对比与日俱增。在东京，买车的年轻人或老年人越来越少，而北京的汽车总量在2003—2012年从200万迅速上升到了5 200万。圣地亚哥或孟买的经济活力造成的污染，成为公共卫生与城市生活的一个重大问题。相反，墨尔本或温哥华的环境质量与生活质量也不该让人忘记住房问题。这些现状表明，不可能找到一些放之四海而皆准的办法。当然，城市区域需要引发一些思考，网上（其中包括联合国人类住区规划署）传播的“最佳实践”能够带来启发。但是，城市的建造非常复杂，没有任何一个城市与另一个城市相似，我们永远无法简单地照搬在其他地方行得通的建造过程。如同我们会避免到2050年前后对“超级绿色城市”和“超级智能”进行任何空想一样，1960年的那些未来学家们，如果可能的话，会在塞纳河下的一个以10级标准建造的“鼹鼠城”中生产机器人。

此外，虽然本书列出了所有的困难，但城市必须懂得保留生活场所、交叉路线与机遇。测验和调查通常表明，城市似乎是“人们最终找到他们所追求的东西的一个地方”，实际上，这是一个相当有趣的社会经济学概念。然而，城市生活似乎充满了模糊性。在城市里相遇很简单，但很多人仍感到孤独；我们可以得到一切，但需要有钱；我们可以去往任何地方，但那里并不总是安全的。

所以，在反复发生的灾难以及各种“地球城市场景”为生活环境留下的东西之间，人们试着总结出我们的生活环境将是怎样的。

第一点，福岛向我们证明了不可能已经变成可能。正如流行病、洪水（2013 年的马尼拉和曼谷）或大停电（2012 印度），更不用说沉重的恐怖主义威胁（化学的、细菌学方面）表明的那样，我们必须要习惯城市中的灾难。在法兰西岛，1910 年塞纳河洪水可能波及了 80 万居民，减少了 30%~50% 的饮用水，70% 的地铁和 50% 的快速列车停运一或两个月，数十万用户断气断电……令人稍感宽慰的是：经验表明，尽管城市密度大，但在灾难发生时，比起那些被隔绝的地区，我们在城市中幸免于难的机会更多，因为方便救援并且城市运行恢复得更快。但事实上，我们目睹了从未遭遇的城市风险全球化。

第二点，对于2030—2040年甚至以后的城市星球来说，如果人们不乏面临各种状况，那么他们很少采取果断决定。比如说，很多人提出这样一个方案：将南方国家无限扩张的超大城市、许多世界性经济规模的全球城市与在所有这些大城市区域内部的、或多或少相互连通的无数中小城市网融合在一起。这些中小城市（大约有30万~70万居民）更好地适应了环境改变和能源变革，尤其得益于大部分超大城市居民的回归（由于超大城市网络的总体饱和，大部分居民最终选择离开），它们可能会取得成功。超越科学幻想重塑未来的相似场景，这一想法最终或许会吸引我们的注意力：比起那些非常大的城市及其郊区，我们应该将长期赌注放在中等城市和中型大城市上，因为它们是城市星球未来经济增长真正的中转站，与其周边的乡下相比，它们根基更深，从流动性或融合性方面来看总体上更加平稳，尤其更加适合居民日常的“城市消费”。

在这一点上，中等城市和中型大城市也将从本书提到的大城市中吸取教训。

专业术语汇编

地址查询

没有地籍和地址使网络安装和收取租金变得困难。借助带有街道编号或名称的地图和路标系统，地址查询能够用来定位一块土地或一间住房，从而“确定它的地址”。

城市大数据

城市大数据的基础可用于实时管理复杂情况（例如交通情况）或将多种因素（行为、生活方式等）长期纳入城市化进程当中。

城市增长

在一定时期内城市人口增长的百分比。

生态居住区

基于可持续发展目标和减少生态足迹的理想住区（可再生能源、活跃模式与公共交通，生态建筑材料、垃圾及雨水回收等）。

新兴城市

指由于经济复苏而具备一定发展水平的大城市（增长超过 4%，全球经济下贸易金融一体化，形式多样化）。

全球城市

这一概念于 1991 年由萨森推出。此概念认为，全球化的动力率先使一些世界中心获益，集中了决策和协调功能，还为企业提供了专业化的创新服务，如法律咨询、财务分析师、设计师等。

城市管治

一个集体的各机构与公民、技术行政以及社会经济参与者之间的整体关系。其目的是通过共同商议与合作得出城市可持续发展的具体政策。

非正式的工作、住房等

发展中城市特有的一面，既指处于“合法”经济外的工作或活动，也指非法建筑或非法运营的公共交通工具。

大都市带

享有公路和铁路基础设施集成的网络，形成全球主要城市与经济中心的超大城市的集群（美国东北部、日本）。媒体经常滥用该词。

超大城市

联合国对人口超过1 000万的30多个大城市的命名。

机动化（率）

每千名居民拥有机动车的百分比。

城市弹性

城市预测灾难的影响以便尽快适应、控制并恢复正常运行的能力。

收缩城市

从字面上来看，指“正在缩小的城市”，在人口、经济（活动与职业的消失）与社会（贫困与不安全）方面，处于逐渐下降的状况，往往因房地产危机而加剧。

南方国家（与北方国家）

用于区分新兴国家、发展中国家（以及城市）与富裕国家、旧时的发达国家的一个通称，但与其他通称相比也并不完善。

城市化（率）

一个国家城市人口占总人口的百分比。

会变成纳米社会吗

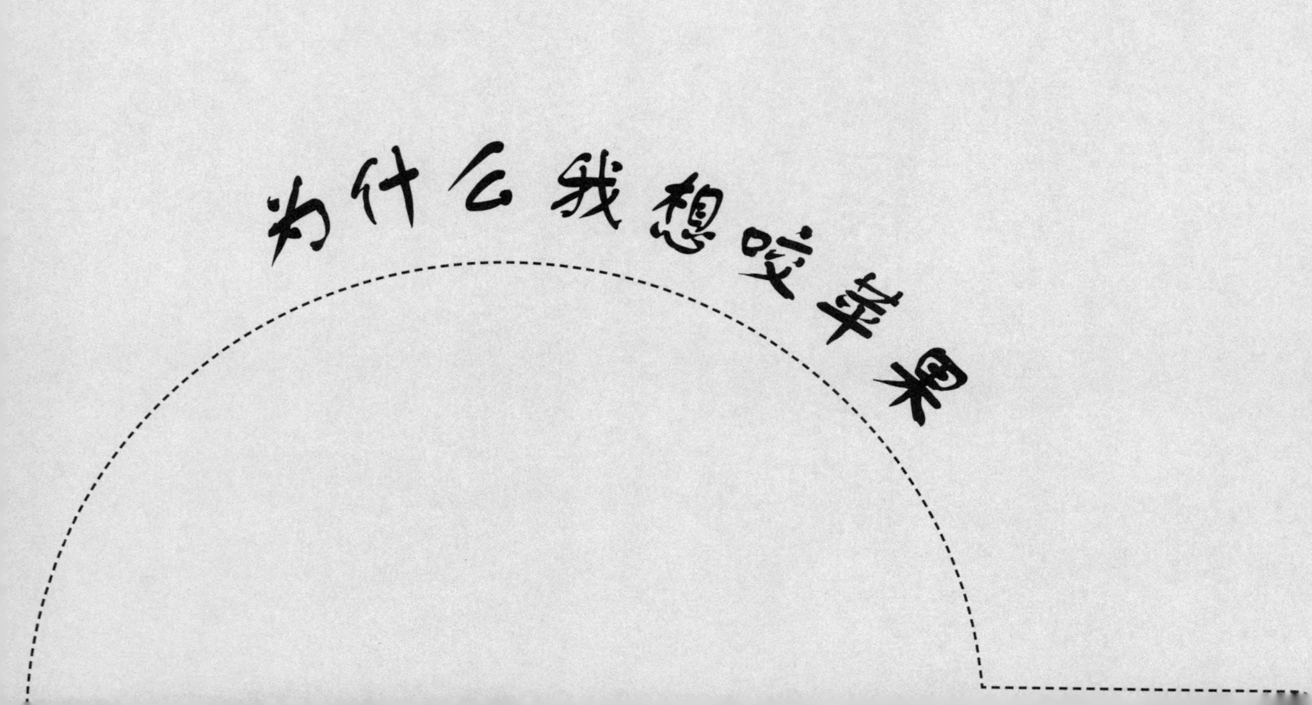
为什么我想咬苹果

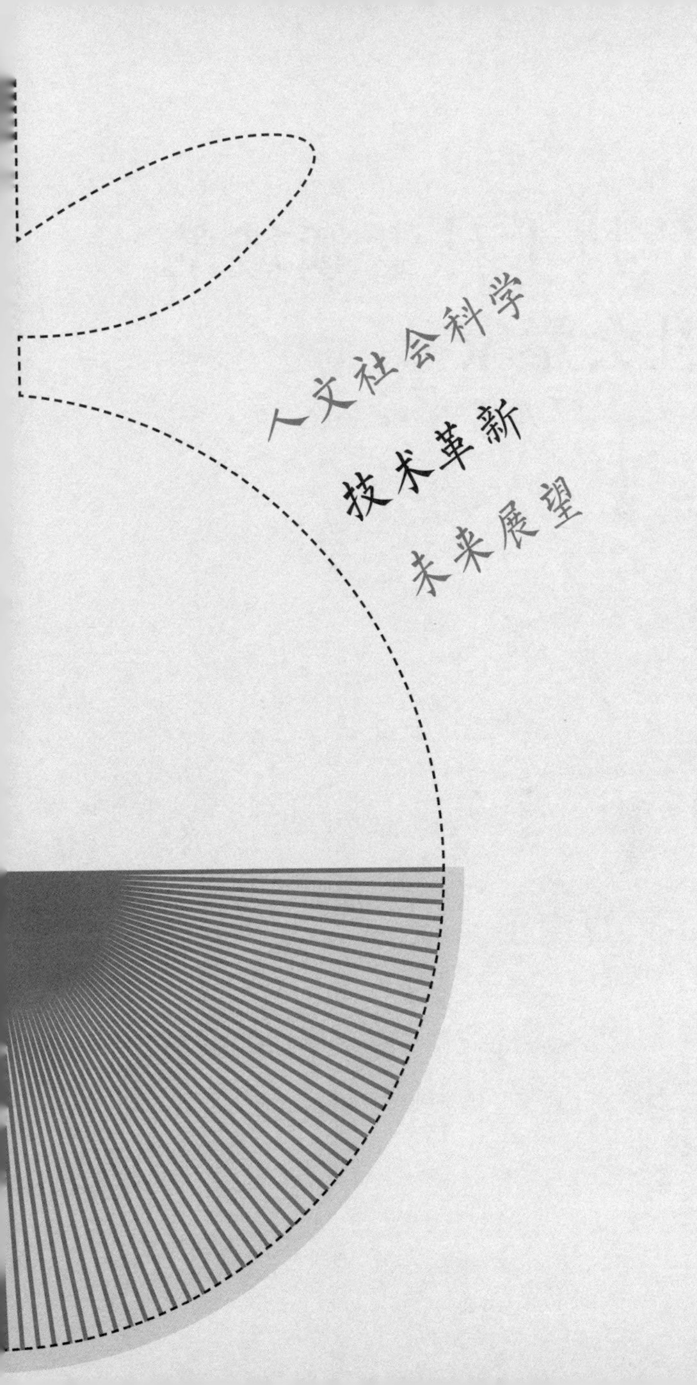
人文社会科学
技术革新
未来展望

一位技术科学领域的女社会学家

究竟出于何故，本是一位痴迷于哲学的女社会学家，忽然间对那些着眼于微小物体的科学技术萌生了兴趣，进而加大了对这些科学技术在我们当今社会独特重要性的关注？

我既非物理学家，亦非工程师，我也不在任何一家材料科学实验室或粒子物理实验室工作……我接受的是道德理论史方面的哲学教育，撰写的是认识论方面（哲学与科学史）的博士论文。数年来，我的教学科研领域一直是社会学，即人们常说的“人文社会科学”。基于这种背景，一位社会学家怎么就突然关心起了纳米技术呢？社会学或哲学又缘何热衷于纳米粒子或纳米材料呢？

或许，需要做出说明的是，自从开展哲学研究以来，我的兴趣就在于对技术在我们个人生活与集体生活中的地位和作用进行思考，更为笼统地说，是就我们赋予的技术进步的内涵加以斟酌。尤其在我们当今社会，这是一个十分重要的问题，毕竟它频频遭受革命性技术变化的冲击，而这些技术变化进而表现为社会、经济和文化上的重大变革。

科技创新与它的社会影响之间的关系，往往通过用一个简洁的科学、技术和社会关联模式描述出来：首先是科学发展，然后是技术应用，最后是社会影响。在第三个环节，科学家和工业家们常常借用人文社会科学来助力自己的行动，以提升新技术的社会“接受度”。倘若创新加速，问世的节奏很快，为了避免落伍，社会就得强行去跟进，并乐意逐步适应这些创新。

科学旨在发现，技术重在创新，而社会呢，则注定要等待，有时甚至是被迫接受一场气喘吁吁的追赶，以适应崭新的科技世界……然而，事实真的如此吗？无论将来过得更好还是更糟，科学和技术真的是我们命运的主宰吗？所有这些问题，都驱使着我去找寻一种方法，帮助我走近创新的场所与人员，给予我思索的能量，以更好地了解创新过程的复杂性。在索邦大学“技术、知识与实践研究中心”的科研实验室，我有幸与阿兰·格拉斯为伴。随后，在跟从人文社会科学开拓者、关注法国新生技术的贝尔纳戴特·邦索德–樊尚撰写博士论文的过程中，我终于有了机会对纳米技术展开案例研究。

就社会科学而言，纳米技术案例的趣味性表现在多个层级。

首先，无论是范围的界定还是轮廓的勾勒都富有挑战性。一般而言，我们主要从层级上来界定纳米技术，它属于原子层级，尺寸为毫微米（即纳米，10^{-9} 米），在这种状态下，物质表现出完全不同于用肉眼或显微镜观察到的全新特性。正如我们即将看到的那样，必须采用合适的器具才能操作纳米大小的原子，而要想生产出一些充分开发上述特性的材料，或是使其更有韧性或柔性从而“想当然地”用来杀菌，或是使其更有油性从而用极小的空间来存储记忆，这就需要更为精确的仪器。

每种材料都有它对应的应用领域。不过，诸如纳米尺寸的银、铁、二氧化钛、硅、可可粉等，它们不仅可以在最终产品上进行创新应用，而且在工业生产环节也是如此。这些应用从分子电子（可用于获得单分子晶体管）的新边缘一直扩展到化工领域，可以制造出工业产品、美容产品、食物产品、医学产品，甚至可以用来治理环境污染，或是解决新能源问题。

降低物质的尺寸，也就意味着打破各种科学

的藩篱。这样一来，物理学向生物学靠拢，从而对一些分子进行改造、创造或赋予其特有职能，最终使这些分子深入我们人体内部，既可以在组织中发挥效能，也可以使组织再生，还可以与细胞产生互动。无论是纳米引擎、纳米载体、纳米机器人，还是具备了多种特性的纳米结构分子，都可以借助特定装置在所有活着的机体内穿行，从而达到诊断或治疗的目的。

显然，在投资额高达几十亿欧元的项目中，将基础研究、技术研究和工业研究整合起来，在如此众多的领域和应用中对物质加以操纵，这种可能的举动会催生多方面的问题。要想公众接受纳米技术，必须频频宣讲，对公众许诺将会有一次前所未有的科学与产业革命，当然，这次革命将伴有人类行为方式的巨变，诸如通讯、保健、消费以及与技术和自然环境的互动等方面。纳米技术的这种情况以非常独特的方式展现了承诺制度在当代技术创新过程中扮演的角色，无论这种承诺是工业上的，还是政治和社会上的。

其次，纳米技术向我们表明，集体想象力对于技术学运作和技术创新培育是何等的重要！借助纳米技术，科学幻想往往成为一种基础，也成为一种观察、展望和评判我们未来的媒介。不过，总的说来，正如媒体和科技新闻广泛传播的那样，对纳米世界的想象拷问着我们对自然和人工的表述，也拷问着我们对未来的希冀与恐惧，还拷问着我们对当今世界和社会的再现。技术与社会想象力的作用，突显了科学、技术与社会间的复杂关系，这种关系远非线性，而是一种活跃无比却又无法预测的互动结果。

在我看来，要描述创新的活力，还有关键的一点，那就是政策与政治人物所扮演的角色。无论在欧洲还是在全世界，将纳米技术领域视作经济投资和科研的重要选项，这归功于政治意愿，也归功于预期技术发展前景的开阔视野。在战略性的研发领域中尽早给出纳米技术的定位，这对于各国经济至关重要，这可以使其在创新的角逐中避免落后。不过，在做出这些未来展望的过程中，政治人物抑或公民与社会的作用，不应止于“接受”国家或国际机构制定的路线图。面对各种不确定性与各种未知，面对纳米技术的无限可能，一场密集的社会论战，且不管它是民间发起的还是政府动员的，都有助于政策的宣讲，同时也强力凸显了纳米技术时代的来临。无论在美国还是在欧洲，纳米技术仿佛都在印证着一种政策必要性，即将“对话”“参与”以及民众的“投入”与科学规划有机地结合起来。

于是，纳米技术研究的开启催生了一个前所未有的现象：从一开始，社会科学就与美国纳米创新中心的科研项目实现了融合，随后欧洲也是如此。例如，美国南卡罗来纳大学2001年度的跨学科研究计划——“纳米层级研究的哲学与社会维度，从实验室到社会：发展中的纳米层级科学技术的指导方法”，就是与纳米中心以及某个名为“复杂性与层级的哲学与伦理研究工作组”的人文科学研究团队共同拟制的。该计划的初衷，就是从科学、哲学和伦理的角度探究纳米技术与机器人技术、基因工程和复杂性科学交叉时的发展情形。2001年，美国国家科学基金会发表的报告《纳米科学和纳米技术的社会参与》为大论战提供了框架和指导，随后南卡罗来纳大学的研究团队就此展开了调查工作。涉及美国和欧洲多所大学的所有这些创举，催生了许多旨在研究纳米技术发展过程中社会参与度的团队、项目、甚至部门，且常常具有鲜明的跨学科特征。这，正是我本人开展这门学术尝试的出发点。

苹果核

纳米维度

技术科学

石墨烯

自下而上的研究方法

纳米装配机

何谓纳米技术

对纳米技术下定义是一种冒险的举动，毕竟它所涉及的技术、领域和事物千差万别。然而，为了避免这种难以捉摸的复杂性可能模糊我们的研究重点，还是需要给其一种界定。

复杂的定义

当前，纳米科学与纳米技术的发展触及和覆盖了非常广阔的科学领域和极其广泛的科学学科，因而对其给出一个确切的定义绝非易事。

一般来说，为了界定它的轮廓，常常需要借助某种比例：纳米的维度与原子（包括分子）相关，用度量术语来说，纳米技术研究的对象介于 1 纳米（即 10^{-9} 米）和 100 纳米之间。1 纳米所对应的具体形状是无法直接感知的，可视化的例子却比比皆是。首先，我以一种非常形象的类比来说明，1 纳米的大小，相当 4 个硅原子的长度。不过，我们也可以这么理解：1 个红细胞的直径约为 700 纳米，1 个病原微生物的直径为几十纳米，而基因（DNA）分子的宽度仅为 2 纳米（尽管其长度可达数米）。我们很早就已知道的微型世界介于 1 微米（即 1 米的百万分之一）和 100 微米之间。说到这里，我们常常提及的不仅是细胞（人类的细胞平均大小为 50 微米），还有位于某些日常使用装置的微电子结构中的微处理器和微系统。

人们所说的纳米科学，就是指以细微到纳米层次的现象和物体为对象，旨在描述极其特别的物质属性的科学研究。至于纳米技术，则是指用来创造、操作、显示和使用纳米级别物品的知识与技术。两个概念常常被赋予一个共同的称呼，即纳米科学技术。不过，这里给出的解释，远非一种既定的，而且获得广泛认同的定义。

纳米物体

首先需要解决的问题，是界定纳米物体的性质与特点。事实上，当今生产领域中的惯用材料，无论是天然的（比如木材）还是人工的，它们都是纳米结构的，而且在某些情况下，这种现象自古至今都是如此（比如有色玻璃、陶器涂漆或金银粒子）。那么，纳米科学技术的物体到底是什么样子呢？假如我们认为物体的各个维度都应是纳米大小，那么纳米物体应该介于100纳米以下（纳米粒子、纳米机器、纳米装置），不过，我们这里所研究的物体只要有一个维度是“纳米”，就可称之为纳米物体，这一统称可以扩展到其他种类。我们有“碳纳米管”或“碳纳米线”，其宽度仅为几纳米，其长度却为数微米，乃至数米。有些面的长或宽能够超过100纳米，而布满这些面的纳米“层”能够赋予其许多特别属性，抑或使微型电子线路的产生成为可能，因此拥有这种“纳米构造”的面常常被应用于电子工业中。还有些微系统，它们可以含有纳米级别的物件或面（如微处理器），然而它们本身称不上是纳米物体。因此，把它们纳入纳米技术的范畴来谈，有时会遭到质疑。不管怎么说，前面列举的所有事例都有一个共同的特征，那就是在生产的某个阶段或对于某些物件而言，都需要达到纳米级别的制造精度。这样一来，我们还能有言必称纳米技术吗？可以看到，这可不是自然而然的。就拿材料来说，目前人们口中的“纳米材料”是更为宽泛的称呼方式，它可以由纳米构造而成，也可以只是具有人类制造的纳米结构（如碳纳米管）。

纳米科学技术

同样需要面对的问题，是纳米科学技术的定义。这需要从两个方面着手：一方面，是基础科学（即科学研究）与应用科学（即科学技术）日趋模糊的界限；另一方面，是纳米技术的固有特性。如果需要考虑纳米科学技术的“起源说”（正如普及知识的各种小册子、教科书、著作或文章中描述的那样），那么在纳米技术革命的概念方面走出的第一步，应该归功于杰出科学家——诺贝尔奖得主理查德·费曼的天才思想。早在1959年，这位美国物理学家就在加利福尼亚理工学院做了一次题为《底部还有很大空间》的著名讲座，以此表明对纳米世界的探索还有很大的空间和可能。他的这一举动，可是发生在“纳米技术”一词存在之前，或者说，是在用以观测纳米技术的工具出现之前。费曼预言，工具的微型化过程将会达到20世纪60年代的人们无法想象的程度。然而，智者的这一“俏皮话”在20年后才得到具体落实。20世纪80年代初，设在瑞士苏黎世的IBM实验室的两名研究人员盖尔德·宾尼和海因里希·罗雷尔（几年后两人均获得诺贝尔奖）发明了扫描隧道显微镜。这一仪器能够同时观察和操作原子，从而成为一场科学、技术和工业革命的真正开端。能够看到原子世界这一看不见的事物，这一技术进步很快就使原子的操作成为可能。科学的历史表明在20世纪的物理领域，科学与技术之间是如何逐步建立起日趋紧密的联系。同时，它还表明，随着对物质原子结构了解能力的提升,人们开始去思考如何从“观察者”的姿态逐渐演变为“操作者”的姿态。这一趋势日趋加强，而且形式不断更新，仿佛也在凸显着纳米技术时代的到来。毕竟在该领域，“纯研究”越来越受制于某种操纵，其规程、实践、历程和规划均受到一定的制约。正是因为这个原因，人们更倾向于将纳米技术纳入一种涉及知识和操作关系的新体制，科学社会学将其称为“技术科学”。借助这一术语，人们表达的是科学研究过程中所使用仪器的出色性能必然带来的一种新境况：即便对某种物质的运行机理始终缺乏理解，我们仍会具备对该物质实施干预的重大能力。在这方面，基因工程堪称是个很好的范例。早在了解染色体组的结构和功能之前，我们就已经学会了对其实施改变。而生成数据的能力（比如染色体组的排序），也远远超出了我们阐释这些数据的能力。倘若想到基于纳米技术的发展，扫描隧道显微镜和原子力显微镜相继问世，那么知道发明了这些仪器的研究人员在IBM实验室这一信息技术的世界工厂工作，也就不会感到惊讶。至于继扫描隧道显微镜被发明多年之后，才有其他的研究人员从理论的角度对隧道效应做出解释，这更不足为奇。如果说“纯科学”与“应用科学”的区别仍被拿来划分知识类（无直接成果、无预设目标）与“导向型”研究类（服务于创新以及技术和产业发展）的界限，对于像纳米技术这样的新研究领域，这种划分则极不相称。从这个意义上说，参与创新乃至发现的，是各种技术和科学元素的集合体，它包括技术产物，也包括用以获得这些产物的工具，还包括用以界定这些产物或从事研究和生产的实验室、机构或企业的各种定义。

协同与战略

纳米科学与纳米技术被视作两个互为协同的领域。如果在物理领域（特别是核）、化学领域和生物学领域，真的是长期以来就有原子方面的知识和技术可供支配，那么达成对这些领域的一致看法则是20世纪90年代末以后的事，而且这种看法的立足点，就是依托高级别的国内外投资政策，使知识向应用的转化成为可能。

关于对未来发展具有战略意义的技术与科学协同一致的想法，发端于美国的纳米创新中心。2001 年，美国纳米技术投资政策协调官米黑尔 · 罗科与国家科学基金会信息与智能系统负责人威廉 · 班布里奇作为主持人，就纳米技术与生物技术、信息技术和认知科学协同开创的愿景发表了一份如今众所周知的报告。所期待的这种协同的结果，将是工业和生产领域一次史无前例的技术科学革命，也将是社会文化领域的一场巨变。在欧洲，欧盟委员会于 2009 年制定了一项旨在促进六种技术（微纳米电子、先进材料、纳米技术、生物技术、光子技术、先进生产系统）发展的共同战略。这些技术被称作“关键”技术，因为它们有助于推出新的产品、打造创新系统。欧洲这项战略的主要使命，在于推动投资政策的出台，以培育产品、设计原型以及研发工具，当然也是为了紧盯其他国家发展纳米科学与纳米技术以及所谓“关键”技术的前沿。在指挥小组中，法国的参与很有说服力，因为负责法国原子能委员会技术研究工作的让·泰尔姆担任指挥小组的组长职务。我们将纳米技术定义为“授权技术”，因为它是有助于发展和改进现有工艺的新方法、新技术构成的一个集合体。另外，纳米技术还有一种可能的称呼，即“雨伞技术”，因为在这个同一术语之下，云集了一个多重系列的各种技术。

欧洲的共同战略依托微纳米技术中心付诸实施，这是该领域独一无二的机构，设在法国的格勒诺贝尔市，拥有一支研究员、工程师、技术员、大学生和工业家组成的3 000人队伍，致力于钻研微纳米技术。在法国原子能委员会和格勒诺贝尔国家综合技术研究院的共同努力下，两所工程师学校和多家基础与应用研究实验室聚集在同一所校园，并在公共基金资助下，不断加强校园建设。工业家们也可以租借这里的无尘操作室（即拥有专业配备的实验室），从事接近于公共研究的研发工作。如今，微纳米技术中心通过进军新能源（绿色类）和健康医疗（纳米生物类），在一座全新的校园——格勒诺贝尔大学西校区向扩大规模、扩展职能领域的发展方向迈进。这一新的架构还包括欧洲同步辐射装置中心、法国劳厄-朗之万研究所、欧洲分子生物学实验室。不难看出，在这样的组织体系中，无论是私营的还是国营的，无论是科学的还是产业的，基础研究和应用研究都不再是泾渭分明的两个领域。

革新与展望

当科学与技术汇聚于一项共同战略，而且该战略的雄心日渐远大，并趋于打破研究与应用的边界时，接下来，就需要确定纳米技术的真正内涵了。

从这样或那样的意义上说

为了达到上述目的，习惯上需要借助于两种截然不同的技术方法：微型化(即自上而下法，或称“下行法”)和归纳化(即自下而上法，或称“上行法”)。众所周知，数十年来，微型化始终支配着微电子工业的发展趋势，而这里所说的第一种方法，从属于微型化的逻辑技术序列。毕竟，在微电子工业领域不难见证一种持续增长的能力，即同一表面所集聚的元器件的数量越来越多。根据“摩尔定律”提到的渐进法则，一块硅集成电路容纳的微处理器晶体管的数量以每两年翻一番的速度增长，这充分表明了主导微电子领域乃至电子领域的微型化现象正在飞速呈现。

在某些人看来，若说真正的新生事物，则应是在工业上培育逆向工艺（即“上行法”）的能力。创新程度越高的纳米技术，越有助于制造和操作原子与分子的集合体，从而获得更大尺寸的产品。为确保这样的结果，我们可以借助容易对原子实行个体控制的一些仪器。扫描隧道显微镜便是其中的一种，它拥有一个特别精细的金属探针，可以像探测器一样扫描一个平面，并且依托量子物理学所描述的一种行为——电子的“隧道效应”来与其间的原子进行互动。此外，通过开发物质自动聚合的某些特性，以及借助多样技术促成的物质的某些自发行为，也可获得上述结果。因此，我们完全有可能设计出最为基础的纳米大小（分子、纳米粒子）的砖块，而且这些砖块能够根据预设的某种方案相互之间自发地组织起来。从这个角度看,“纳米技术”这一统称专指为了构成具有新的物理化学属性的大尺寸元件而对原子和分子施加的可控聚合。

两种拳头产品

说到自下而上式的纳米技术，碳纳米管便是其范例之一，也被视作纳米技术的首批工业产品之一。它是由属于富勒烯类的碳原子组配而成的一种特殊形态，所谓富勒烯，是指由 60 个碳原子组成的分子，形状呈球形，1985 年由小罗伯特 · 弗洛伊德 · 柯尔、理查德 · 埃利特 · 斯莫利和哈罗德 · 沃特 · 克罗托（1996 年三人共同获得诺贝尔奖）制备而成。作为特殊材料，纳米管具有引人注目的多功能属性：

由于质地坚硬且富有韧性，可以用于开发一种强大的导电性能和导热性能。虽说是日本 NEC 电子公司的研究员饭岛澄男于 1991 年发现了碳纳米管，其实早在 20 世纪 50 年代，有人就已知道了碳纳米管的结构，也已获得了这种材料。不过，真正确定纳米管的工业生产工艺与应用流程，则是 1993 年之后的事。说到纳米管的结构，我们不妨将其呈现为单层或多层自我缠绕、卷曲而成的石墨烯，而且两端呈半球状封闭。极高的硬度和极好的韧性，使得碳纳米管具有强大的能量吸附性能，与凯夫拉尔（即纤维 B）、蜘蛛丝等现有材料相比，有过之而无不及。这类纤维既可用于生产重量轻、性能出色的防护性材料（如减震器、防弹衣），也可用于生产体育运动材料，还可以用于夯实某些结构。如果能够对碳纳米管形成的保护性空腔进行开发，则有助于利用它们储存多种元件，乃至纳米层级上的广泛应用。

另一种“奇迹般”的材料——石墨烯的研究和生产始自21世纪的最初10年。它是一种由碳原子组成的六角形呈晶格的二维材料，这些碳原子堆积在一起构成石墨，并由此可以获得纳米管。它是由英国物理学家安德烈·盖姆和康斯坦丁·诺沃肖洛夫于2004年分离出来的，两人因此于2010年双双获得诺贝尔物理学奖。这种材料的生产耗费还是颇为巨大，但它的导电、能量储存、抗断裂、电子传输等性能却被认为大有发展前景。由于石墨烯无论在可见光下还是在红外线和紫外线中的透明度都很高，故可用来生产能够附着于塑料叶片（而不再是玻璃）上的触摸屏幕，也可用来生产不易受损的太阳能电池板。此外，正是在这些领域，人们拟将首批石墨烯产品投入市场。

虽然当前只是处于研究阶段，但是生物学和医学已经成为大有作为的应用领域。由于石墨烯的存在，基因组的排序将会更加迅速，药物的向量化将会更有针对性，特别是它的构造可被用来培育一些特种细胞，或是用于活组织的再生（神经元的再生可能尚在研究中），或是用于更易兼容的仿生植入物（如人造视网膜）的生产。2013 年，欧盟委员会将石墨烯项目列入欧盟支持的重点研发计划。借助欧洲人脑计划，该项目将在 10 年的时间里获得 10 亿欧元的投资。

分子制造——颇受争议的未来展望

随着对归纳化（即“上行法”）逻辑的理解不断深入，一种新的纳米技术观将会悄然形成，这种观点虽然饱受争议，而在某些科学家的眼里，却是道地的技术与产业创新。终有一天，微型化进程会达到它的极限，要想获得突破，就必须断然采取一种自下而上的方法。如果我们能够在原子和分子的基础上造出纳米机器、建成纳米工厂，而原子和分子继而又能实现砖块的组建，并逐步产出大型器具，那么这将是人类历史上最为重大的革命，即分子制造成为现实，或是分子纳米技术时代来临。这，就是“摆在制造者面前的最终临界线”，也是有助于用逐个原子造出物品的工具箱。我们应将这一展望与埃里

克 · 德雷克斯勒的名字联系起来。这位当前很受欢迎但也饱受诟病的美国工程师，被认为是20世纪80年代最先让“纳米技术”这一术语广为人知的人物之一，也是最先使纳米技术成为一种学术研究领域和长期工程计划的人物之一。1986年，他出版了最为知名的代表作《创造的发动机》，尝试着对真正的“通用型分子装配机”的物理性能进行了分析。“纳米技术”不再被视作一种纯粹的日趋深入的微型化进程，而是一门借助分子机器系统进行制造而且精度达到原子级别的新兴科学。用德雷克斯勒自己的话说，分子装配机“将能够基于日常材料制造出任何想要制造的东西，而且无须任何人力劳动，并通过犹如森林一样洁净的系统取代污染严重的工厂。它们将从根本上改变技术与经济，从而打开一个无限可能的新世界。这些装配机将会真正成为量产的发动机”。在德雷克斯勒看来,这些“创造的发动机”的粉墨登场是必然的,因为当下的生物技术和分子技术已经开辟了一条可循之路,而且在纳米计算机性能的助力下,这条路将一直通向纳米时代。

德雷克斯勒设计的装配机同时也将是“复制机”,即能够生产出与自身一模一样的复制品,而且比自然制造的机器效率更高。我们需要做的,就是赋予它们专业的设计,并提供应有的能量与原子。由于工艺完全实现了自动化,它们的生产能够做到完全自主,在实施过程中既不会造成浪费,也不会产生残渣。分子纳米技术存在的问题主要有两个:一是这一工作的启动,即如何造出第一台装配机;二是如何在极短的时间内造出大型物品。

1992年，德雷克斯勒作为“分子纳米技术”方面的专家，在华盛顿的参议院见证了这一幕：由这位美国工程师展望的“突变式”前景引起了在场人员的强烈质疑，然而，由于德雷克斯勒声称自己的灵感来自费曼，回想起这位物理学家的理论，听众们才开始相信起来。从那以后，“纳米辩术”有了两位冠军级人物，一是费曼，“科学”意义上纳米技术的担保者；二是德雷克斯勒，做出分子制造这一极端而又虚拟之选择的代言人。2001年，在美国国家纳米技术发展规划的启动仪式上，两人都被寄予了厚望。

自我复制的通用型装配机（也称“纳米机器人”）与“灰雾”（即由纳米机器人失控的自我复制所引发的灾难性风险）理论引起了科学

界的强烈反响，许多研究人员对这种理论的可信性表示怀疑，一些科技类报刊对这些质疑进行了报道（尤以《科学美国人》1996年专刊中加里·斯蒂克斯的社论为代表）。而当时最有名的一场辩论，则是在德雷克斯勒和理查德·斯莫利（1996年诺贝尔化学奖得主）之间展开，辩论的主题就是“自动复制装配机的可行性”。

除德雷克斯勒所提出的设想的科学可靠性之外，人们对其指责更多的，是他将会制造不必要的恐慌，从而失去舆论的支持，或最终造成创新（“创新”二字是人们用来指称生物技术或转基因生物体的措辞）的终止：“纳米装配机是不可能的，无须再谈了！”然而在德雷克斯勒的眼里，却恰恰相反！为了方便辩论，于是他成立了一家“前瞻学会”，由此带动的大讨论在美国国家纳米技术发展规划中获得了一席之地，并从中获得了一笔可观的科研基金，专门研究纳米技术可能带来的社会影响。

有关纳米技术的定义在“断裂”和“连续”两种措辞之间尽量保持了平衡，如果说想要在这一点上达成共识，就必须在德雷克斯勒的突变式创新观和“规范科学”之间划定一条界线，有关分子制造的想法却成功获得了许多人的支持，其中不乏材料物理学界最为知名的一些研究者。这其中就有克里斯蒂安·若阿基姆，他是图卢兹国家科学研究中心的研究部主任，曾于2008年和洛朗斯·普雷韦合作出版了《纳米科学：不可见物质的革命》一书。他主张，对“纳米技术”的阐释应限定于纯研究领域，而且只能是对单个分子的行为和上行法可能性的研究。

纳米科学和技术之所以呈现为一个统一的领域，正是基于一种共识假设，该假设很好地回应了某种政治诉求，即创建能够涵盖不同领域和方法的科学与工业政治学。然而，正如我们能够看到的那样，给出某种定义或是界定某个领域，不仅十分关键而且非常实用，因为它们在研究和投资中都代表着一种方向。每当我们提起纳米技术，一定要弄清楚我们究竟在谈些什么，因为无论在与民众的沟通中，还是在围绕这些科技进步而展开的社会讨论中，这都显得非常重要。在后文中我们还会谈到这些。

纳米技术与日常生活

食品加工、汽车、化妆品……在我们的日常生活中，纳米产品的清单正在不断延展。

从口红到意大利式宽面条

我们的世界充斥着纳米粒子。它们不仅以自然状态呈现（如侵蚀或火山爆发过程中扬起的灰尘，以及海浪激起的飞沫），也会在人类的活动中无意间产出（如柴油发动机排放的气体、焚化炉升起的烟雾，以及烤面包器或锅炉释放的物质）。从古时候起，纳米粒子就被用于手工创造，这深深影响了人类的文化艺术（如玛雅的绘画、古罗马的玻璃器皿，以及始自 10 世纪的大马士革的刀剑）。如今，纳米粒子的制造与使用已在许多工业领域占据了重要位置。我们不曾忘记，纳米粒子的独特之处，就是它们极小的尺寸赋予了它们非常新颖的属性。这一点非常重要，因为这样可以避免将纳米粒子汇聚成为形体更大的集合体，否则它们就会失去我们所探求的特性。通常情况下，纳米粒子呈现为非常精细的粉末，人类或环境容易与其发生直接接触，因为在我们的奶油、洗剂、喷雾和敷料中都有它们的存在。有时，它们也会被融入一些固体材料（如自行车车架中的碳纳米管），在产品的使用过程中，人类或环境不会直接接触到纳米粒子，但是在产品的生产或报废过程中，直接接触还是有可能的。目前，我们越来越倾向于使用缩略语 NANO 来指称纳米制造物以及尺寸超过 100 纳米的纳米粒子聚合物或集合体。如实说，日常生活中可以支配的纳米技术产品的清单已经非常充盈，而且涉及一系列工业活动领域。数十年来使用率最高的纳米材料已经大量见诸市场，如二氧化钛、轮胎炭黑、食品中的非晶质合成硅石、钙碳酸盐、二氧化铈、氧化锌和银等。除此之外，一些新型纳米材料也在陆续出现，尽管目前只是少量生产（如碳纳米管、纳米纤维、富勒烯、石墨烯、量子点等），或尚在预工业化阶段。在化妆品领域，二氧化钛的纳米粒子可以让防晒霜变得更为透明和轻盈，钙磷的纳米粒子用于牙膏中可以补全牙齿的缺口，生产中融入纳米粒子的口红则可色彩保持得更为长久。在纺织领域，尤其在使用了银纳米粒子时，我们会获得可以具有防臭、防紫外线和抗菌功能的布料，而且特别耐脏，或者不易起皱。在汽车制造领域，我们从耐划痕的清漆与涂料，到具有疏水性或自动清洗功能的玻璃，到发动机（催化转化器、火花塞、汽缸保护层），再到经硅石纳米粒子加固了的橡胶轮胎中，都能发现纳米粒子的身影。在防治土壤或水污染的工业领域，有种膜片可以进行水纳米过滤，而纳米粒子和纳米材料可以“抓获”并分离出污染因子（如重金属）。在能源领域，纳米技术的应用可以致力于增强电池性能和能量存储，还可以通过在太阳能电池板或光电池中使用纳米材料和纳米构造薄层来发展可再生能源。同样，在食品领域，纳米银粒子可以用于食品的包装，也可以置于饭菜或旨在保藏食品的家用电器（如冰箱）的表面，增强它们的抗菌作用。对于食品本身，有时我们会加入诸如二氧化钛（编号为 E171 的食品添加剂）一类的物质，以使食品显得更白更亮，也可与其他食品着色剂混合使用,达到增加色彩的目的（如果冻、酸乳以及其他许多产品）。再比如其他纳米粒子，尤其是纳米硅石（编号为 E550 /551 的食品添加剂），也常被加入某些食品（如速冻盘菜、冰淇淋、意大利式宽面条调料、方便面、各种佐料、奶油、烤果蔬等），以使它们的质地更为均匀或滑腻。

上述纳米粒子的使用还可以改变产品的商业价值：显然，将一种粗制材料加工为纳米构造的材料，在丰富了可支配产品的同时，也提高了它们的价格。

规定与标准

能够使用和消费的纳米产品、纳米粒子和纳米材料的清单将受到持续的监控，某些消费者和公民协会在这方面的警戒尤为引人注目。毕竟，在通常情况下，很难清晰地勾画出每种产品的具体成分，更何况在工业上这都属于保密信息，换言之，这都不属于产品标签上强制标注的信息。比如，法国有一个名为 veillenanos.fr 的网站，该网站通过收集全球官方或民间机构提供的全部信息，专门从事这方面的监控。

纳米材料更是受到各类国际控制机构（如 ISO、OECD、SCENIHR、ACC 等）的关注，毕竟它的定义与标准都很难做到统一。国际标准化组织（简称 ISO）将纳米材料定义为“任何具有纳米级外部尺寸、内部结构或表面结构的物质”，并且采用 NOAA 这一术语。欧盟委员会和法国在 2011 年曾经给出了一个限制性更强的定义，自 2014 年以来又不断地对其做出修订。欧洲化妆品条例对纳米材料的定义更为特殊：“一种人为制造的不可溶解的或具有持久生命力的材料，它具有1纳米~100纳米尺寸的一个或多个外部结构，或具有相同尺寸的一个内部结构。”欧洲食品消费者信息条例则规定：“纳米材料是一种某个或多个维度的尺寸小于或等于100纳米的人造产品，换句话说，它的内部或表面均由互不相同的功能元件组成，而且许多元件的一个或多个维度的尺寸小于或等于100纳米。当然，也包括一些尺寸超过100纳米但保有纳米尺度典型特性的构造、聚合物或集合体。”事实上，目前所有领域都在忙于确定纳米材料的意涵，因为这是制定生产者和消费者控制标准的基础。一旦考虑到纳米粒子产品的多种多样及其应用领域的五花八门，我们就能明白，想对所有这些定义做出统一，实在是一件冒险的事……

标签上的“纳米”字样

在欧洲，至少有三种产品的标签原则上必须注明纳米粒子这一成分的存在，它们是：化妆品（自 2013 年 7 月起）；杀虫剂（自 2013 年 9 月起）；食品（理论上自 2014 年 12 月起）。

不过，一方面迫于主张减少这些强制性要求的院外活动工业集团的压力，另一方面关于纳米材料的定义不一而足（比如，为了绕开欧洲化妆品条例中的规约，化妆品工业界只需要使用那些尺寸刚好超过 100 纳米或者生成聚合物或集合体的纳米材料），加之模糊地带的存在使得相关规定的应用性不强，导致上述要求的执行严重滞后。

研究前景

承诺型经济

路线图

分子的视角

纳米电子

超人类主义

新的技术，新的承诺

科技进步带来的期许并非什么新事物，因为早在12世纪就已如此。因此，纳米技术的出现，仿佛是给有关科学带动社会进步的神话传说赋予了一个新的维度。

复杂的定义

有关纳米技术的宣讲承载着许许多多的希望，且不管它们是科学性的还是政治性的，也不管它们是普及性的还是工业性的，这些宣讲都与纳米技术赋予潜能的领域息息相关，而且时间间隔往往非常短暂。从普通公民到整个社会，从这里到那里，从发达国家到新兴国家，这些宣讲所展望的未来将触及形形色色的所有人。无论承诺还是期待，它们远非技术科学的附属物，而是通过积极参与构建社会的表现形式与政治和经济的运转方式,构成技术科学的核心与动力。在现代社会中，新兴技术带来期许的事例不乏其有，作为这方面的最新代表，有纳米技术、遗传学、机器人技术、合成生物学。正是科学技术带来的期许，造就了弗朗西斯·培根的乌托邦所描绘的现代性。1627年，他在其著作《新亚特兰蒂斯》中想象着利用技术进步或是延长寿命、改良人种，或是制造新材料和新物种，总之以前所未有的方式开发“自然奇迹”。自那以后，特别是从19世纪起，科学的推广与普及成为确保其在社会进步中扮演主要角色的有力手段。20世纪初，人类对科学技术的信任表现为对机器和生物学改造能力的热情支持。

今天，对技术科学进步和技术承诺的期待已经成为决定投资、指导研发的根本动力，以至于有人谈起了“承诺型经济”：如同一种制度，其内部运筹着国家的或国际的政治与工业战略。综观新近发生的一些案例，不难看出，在某种意义上新技术成为一种调节职能的期许，这在技术创新中扮演了何等重要的角色！比如，以武器形式呈现的原子能被认为是抑止人类间任何挑衅、预防冲突风险的重要手段；又比如，医疗领域的 X 射线被认为是可以对付所有疾患的诊治方式；再比如，家用电能被认为是终止一切家务活的象征……所有这些创新都带来了重大希望和期待，而且远远超出了它们的真实效用。从这个意义上说，控制论与信息技术的联姻成为 20 世纪最新的重要技术乌托邦之一。这种联姻影响深远，因为无论在纳米技术的宣讲中，还是在纳米技术与信息科学趋同的展望中，我们都能看到它的身影。

纳米技术："决定命运的技术"

纳米技术常常被描绘为"决定命运的技术"：它们的出现，仿佛源自人类了解和控制原子级物质的所有企图。

事实上，技术科学的进步往往被喻作一支永远射往一个方向的时光之箭。它是一种不可抗拒的力量，它对自身过程进行各种形式的重构，从而将其转化为一个有助于推动创新和实现期待的所有事件的连贯的线性系统。至少，这是我们从纳米技术的诞生以及如下事件中所能看到的：费曼和他的深奥想象；德雷克斯勒和他的前瞻与幻想；“梦幻”仪器——扫描隧道显微镜的发明和由此获得的一系列知识；技术应用的逐步落实和不断酝酿的技术革命的开端。

然而，在纳米技术的宣讲中，正如那些最终获得认可并获得投资的工艺被掩盖了一样，也正如早在纳米技术出现之前，相关的工业或商业战略就已确立的事实被忽视了一样，使得上述器械与其他工具成功展开竞争的机械史很少得到应有的重视。与之相反的是，我们常常会惊奇地发现，一种技术创新在很大程度上立足于它曾被忘却的历史和它险些无法实现的每一个时刻，这还不包括我们曾经无限期待却最终宣告流产的计划与产品。我们之所以选择这种谈论技术进步的方式，就是为了强化对其不可抗拒性的认知，也是为了加强一种认识，即世间存在着完全自然的技术“演变”，它不受人类的任何影响。作为宣讲的对象，纳米技术就是一个典型的例子。

鉴于纳米技术的局限尚不明确，因此它可以最大限度地为我们展现它的潜能，尽管要准确定位适于聚焦手段和力量的领域并不容易。那么究竟有何标准可供选择呢？美国国家纳米技术发展规划的领导人米黑尔 · 罗科在其被全世界的科学政策机构采用了的报告中建议，应将纳米技术的演变划分为承前启后的四个阶段。

第一阶段，即当前阶段，是“被动型的纳米粒子”阶段，涉及属性和工业用途均已知的所有纳米构造的纳米材料（我们在前一章中已经谈及）。“主动型”的纳米技术是它发展中的第二阶段，尤其涉及能够将药物准确送达身体所需位置的纳米运载器。随之而来的第三阶段，将是“纳米系统阶段”和具有三维构造，能够应用于电子技术、机器人技术和可进化系统的纳米系统之系统阶段。“分子纳米系统”的诞生将是纳米技术发展的最高阶段，这正是德雷克斯勒做出的展望，也就是分子制造和自我复制。在这里，我们不仅汇聚了也混合了对未来的展望：有已经存在的，有尚在研究的，也有在某些人看来纯属内心幻想的。不过，在各国的国家政策中，上述四个阶段被认为是一种富有逻辑的纳米技术发展历程。

除了这一纳米技术发展观，还需提及致力于“未来建设”的其他手段，“路线图”便是其中的一种。而曾经谈到的著名的“摩尔定律”，则近距离涉及下行的纳米技术，也是一个富有说服力的佐证。20世纪60年代，“仙童实验室”研究部的负责人戈登 · 摩尔发现，电子元件的尺寸趋于规律性缩小，性能却在不断提高，于是他断言，集成电路的复杂性每隔一年半都会翻上一番。在了解了这一特殊电子领域的发展趋势后，芯片生产商们将其纳入对各自未来的展望，并成功将其变为一种“自动实现的预言”。事实上，有关纳米技术发展的路线图也成为连接技术与经济的有效配置：研究、市场与投资，都被置于相辅相成的同一个良性轨道，路线图也最终被纳入“对未来的各种描述”。这样一来，“摩尔定律”为大量投资于纳米技术从而打破微型化局限的必要性做了很好的辩护：为了保证曲线的连续性，就必须过渡到电子的分子层级。同时，“摩尔定律”也成为通常意义上技术进步的一个隐喻，乃至被应用于对技术进步的演变做出阐释的更为广泛的背景中。我们不妨以颇具标志意义的雷·库兹韦尔为例。作为发明家、科学家、未来学家、应用信息技术专家和奇点大学的创建人之一，库兹韦尔在其随笔《加速回报定律》和2005年出版的著作《奇点临近》中，建议将“摩尔定律”推广到信息技术以外的其他计算形态，并声言技术进步的指数性激增将是一种显而易见的主题，并且早在晶体管问世之前就将存在，最终会造成一种完全前所未闻的人工智能的出现。于是，这种曲线会在无须考虑连续性解法的情况下，被顶级未来学界加以利用，直至各种公立或私营的研发机构将其当作制定路线图的参考。

对付疾病的纳米技术

如果说有一种应用领域会受到纳米技术的大力资助，那么这个领域肯定是医疗卫生，于是由此形成了纳米医学。不过，究竟如何定义纳米医学呢？

纳米医学的路线图

欧洲科学基金会认为，纳米医学“是借助分子仪器和人体分子知识，诊断、治疗和预防各类疾病与创伤性事故，减轻病痛，保护和改善人体健康的科学与技术”。这一定义是2007年做出的，而在此之前的2006年，美国国家健康研究所的“纳米医学路线图”这样描述道：研究的根本目的，是在生物分子级别的生物学和医疗配置之间找到一个具体的概念上的界面，以在活体内从事纳米级别的生物学控制和操作。对活体物质实施分子级别的控制，有助于催生中长期期待和预测的展望所在。2009年，美国国家癌症研究所曾将纳米医学视作旨在2015年前根除癌症带来的痛苦与死亡率的一种优先投资。

同年，欧洲搭建了一个支持纳米医学领域各种创新的技术平台，以此推动纳米技术向诸如癌症、糖尿病、阿尔茨海默病（即老年痴呆症）和帕金森病之类的严重病理学提供决定性的解决方案。该技术平台名为“纳米医学 2020：2020年前纳米医学的贡献”，它从三个方向清晰聚焦医学纳米技术的发展与应用领域，即诊断（活体内造影与诊断）、药物运行（纳米药物与纳米设备）和再生医学（即智能生物材料与细胞疗法）。

纳米医学：生物医学的展望

为了了解让纳米医学方法成立的更为宽泛的背景，以及与之共存的旨在干预机体分子维度的所有方法（如遗传学），需要尝试着弄清“现代医学”或“生物医学”的意义。自20世纪70年代以来，我们见证了一个普遍现象，即某些曾被排除在外或游离在边缘的领域，越来越趋于回归医学，生与死就是其中很能说明问题的两个例子。有人用术语“医疗事业普及化”或“病理学普及化”来指称这种过程。而在距离我们更近些的21世纪的最初10年里，社会学家阿德尔·克拉克与其同事们则引用“生物医学普及化”一词来描述这一过程的重要改变，在这个过程中，不仅有越来越深入的科技创新应用，也有对病理状况、躯体和护理等定义的全新构建。

唯有基于对医学人体的了解，我们才能领会这种变化的意义。正如哲学家尼古拉·罗斯所说，遗传学与分子生物学将医学科学的注意力导向了机体的“分子化”维度。基因其实就是一个能够被分离、操纵和重组的分子链，而且这些操作甚至可以在培育出分子的机体外进行。至于医学的视角，则越来越从“摩尔的”躯体（即我们已知的整个躯体）转向从分子构造去透视的躯体。相应地，我们从基于对病人及其症候的观察的临床视角，逐步转向聚焦病人遗传物特征的分子视角。这种变化，对疾病的定义、检测的方法和治疗的开展都产生了重要影响。比如，对癌症一类的病患的诊治，越来越立足于它们的遗传因素，这不仅是为了更好的诊断，也是为了实施更为有效的疗法。药物遗传学令人印象深刻的发展，为我们提供了一个很能说明问题的案例：它有助于依据直接立足于基因组而选取的新标准，来决定有效的治疗方式，因为它研究的是基因型对药物治疗效果的变异性的影响。需要知道的是，根据病人的遗传因素而择取药物标准用量的效果并非是一成不变的，有时会降低，有时会无效，有时还会出现不愿看到的结果，甚至会造成中毒现象的发生。还有另外一个案例，就是自 21 世纪的最初 10 年以来，为了治疗包括各类癌症在内的一系列疾患，医学界对基因疗法的投入越来越大。纳米技术和生物技术就是在这种更加重视诊断和预防的生物医学背景中找到了各自的位置。

人们将这种医学称为“3P 医学”，因为它是预防性的（préventive）、预言性的（prédictive）和个性化的（personnalisée）。纳米技术又在此基础上添加了额外的一维，即再生医学。通过拓展一系列的诊断配置，纳米医学首先具备了预言和预防职能。其次，它是个性化的（而非创伤性的），因为它运用的技术能够从分子层级上精确对准病人的生物特性，而且其处置办法兼具诊断与治疗的功效（其设备被称为“诊疗”设备），同时力争最大限度地限制既不精确又更具损伤性的外科或药物处理。最后，它又是再生性的，致力于发展组织和细胞的自我修复技术和自动再生技术（这一目标的实现还需借助生物材料）。

运用纳米技术诊断

纳米技术在诊断中扮演着重要角色。在这之前，尤其需要提高当前众多造影技术（如X线照相、磁共振成像、闪烁照相）的解析度和精确度，这些技术的性能高低主要取决于注入机体的造影产品。使用纳米粒子替换当前使用的物质（如有机氯化物、放射性同位素等），将明显提高图像的逼真度，同时减少上述物质对机体产生的毒性。目前，氧化铁的纳米粒子有时会被应用于磁共振成像。

对一种正常组织或病理组织的运转（功能性造影）开展动态研究也非常重要。在这一点上，人们正在钻研调节光激发纳米粒子的方法，这些粒子由专门识别某些细胞的蛋白质组成，当它们与各自的目标成功对接后，其光激发就会活跃起来，从而使借助医学成像进行观察成为可能。未来，这种方法将会与一种复合治疗实现关联，以把搜寻靶点与治疗并为同一工作（这就是之前提到的诊疗一体）。

不过，诊断方法并不限于造影。在一个病理期内，会发生许多分子层级的生物现象，症候只是肉眼可见的外在表现而已（通过临床检查实现）。利用纳米设备将能对纳米层级的各种现象直接进行研究，这有助于预防和提前诊断某些疾病。数十年来研究工作的焦点，就是为了能够推出可以真正充当口袋实验室的生物芯片。当前，分析工具的微型化已经非常先进。人们生产出基因芯片（也称微阵列），就是为了分析某个生物检材的基因表达水平，并将之与另一种参考性检材进行对比（例如“病理”检材和“正常”检材）。这种芯片由很小的玻璃、塑料或硅薄片做成，上面合成或植入了数千种抑或数十万种基因程序。别看只有几平方厘米大小，它却能同时发放数万种结果。除此之外，还有其他一些在纳米层级上运行的诊断设备，芯片实验室便是其中的一种，它能在几平方厘米的空间上通过一滴血液或唾液完成多种分析。在不久的将来，随着微型化与微射流技术（一种旨在从微纳米层级上控制流体运动的技术）的发展，人类很可能会拥有一些生物分析微系统，其效能与当前的仪器并无二致。其他的薄片分析技术尚在研发中，其目的也是为了立足于生物检材（如癌细胞或诸如 1 型糖尿病之类的病变细胞），方便对某些疾病的提前诊断。

运用纳米药物治疗

在纳米医学发展起来之前，如何精准使用药物以提高疗效并减小对机体其他部位产生的毒性，这个问题一直困扰着药物技术界。20 世纪初，免疫学家保尔·埃里希就已把有关“魔力球”(或称“隐形生物导弹”)的想法上升到理论，其目标就是专门抑制体内的感染因子。一段时间以来，针对纳米粒子运载器群(如胶粒、脂质体、可生物降解的聚合物包膜)的研究已在法国展开。在这方面所作出的所有努力，尤其要归功于药物技术研究者、企业家帕特里克·库夫勒尔(1997年，他参与创建“生物制药公司”；10年后，他一手创办了名为Medsqual的企业，利用生成胆固醇的自然化合物角鲨烯生产第三代纳米胶囊)。目前，药物界也会把一些纳米矿物材料(如纳米金粒子、多细孔的硅等)当作纳米运载器。通过添加活性成分，这些材料能够将药物专门送达目标组织，而不会发往机体的其他部位。这样一来，活性成分也被专业运输到相应位置，从而增加了药物对目标组织或器官的疗效和生物可支配性，而在此之前，囿于活性成分的物理化学属性，这一点是很难做到的。

此外，还有一个非常重要的问题，就是纳米药物能否穿越血脑屏障的问题。这种屏障虽然可以保护脑中枢神经系统，但同时也阻碍了对位于脑颅内部的病变部位的治疗。在神经外科器具不断演变的同时，如果能够精确瞄准脑组织，就会推动新纳米医学在脑癌治疗中的应用（比如，某些纳米运载的放射性药剂可以与常规的外部放射疗法配合使用）。

运用纳米材料促进组织再生

修复或替换因外伤或病理变性（包括遗传畸形）而损伤的某个组织，这种想法一度成为再生医学的研究基础。在这方面，诸如石墨烯之类的纳米生物材料应会大有作为。一方面，这种能够生物兼容的材料可以进行重组，从而形成一个与生理组织相仿的表层；另一方面，它们能构成一个二维或三维的网状结构，在被干细胞占据后，生成健康的新组织。再者，在某些情况下，这些材料还可以在需求部位释放一种治疗因子。

打破电子领域“摩尔定律”的局限

芯片和晶体管能够享受到纳米技术带来的红利吗？想出怎样的方案，才能打破微型化的局限呢？

电子行业可以应用什么样的纳米技术

电子是纳米技术研究的另一个投资领域。随着微处理器尺寸的逐步缩小和计算能量的不断增长（这就是“摩尔定律”），开始触碰到现有微技术（即“下行法”）无法逾越的极限。正因为此，电子与信息技术长期以来均致力于纳米技术投资，以研究和发展更为“上行”的各种方法。

在微电子芯片和晶体管方面，人们通常会求助于照相石印术。该技术的诀窍，就是在某些硅表层或感光树脂上拟制出需要生成的电路草图，就如同将镂花模板叠加在一起那样，由此获得日趋复杂的电路。当光线透过掩膜的缺口照进来时，细部就会被刻印在底膜上，由此精确生成了数以百万计的晶体管，并且可以复制。在工业上，我们已经有能力获得厚度为45纳米的精细线条，用来支配和连接同样数以百万计且功能多样的基础元件——晶体管。目前，人们正在通过装配一种能够聚焦能量日趋增大的上述光线的新透镜，来不断改进这种技术的精度。使用电子束的石印术有助于达成纳米层级的解析方案（其电子波长仅为几纳米），不过，对于大规模的芯片生产而言，这种技术就不太适合了。

当最为精致的细部尺寸小至10~20纳米时，照相石印术的层级下行就会暴露出它的技术局限，因为此时量子物理的效应就会表现出来，从而干扰了电路的运行。从工业生产的角度来看，要建造能够刻印如此精致线路的工厂，其必要投资将会非常的高昂。至于其他的“下行法”技术，它们在未来几年内的发展也会日趋式微。

要想在纳米层级上开发物质的特性，纳米电子就必须在工艺和生产上开启一次真正的革命。为了打破“摩尔定律”的局限，目前我们有多种方法可供选择，将电子与磁学联系在一起的自旋电子就是其中的一种。当前的电子完全建立在对电子携带的电荷的操纵上，而自旋电子却充分利用了它们的自旋功能，这一特性可以用于催生信息的译码、处理和传递等许多新功能。其实，当前的电脑硬盘已经使用了自旋配置，由此大大增加了它的存储容量，或大大扩展了它的磁存储。这种强大的记忆力表现出非常重要的一些属性：即便在供应中断的情况下，它们也不会消失（无挥发性），而且反应非常迅速（读写仅持续几纳米秒），对电离辐射也很不敏感。

光子学也是一个大有前途的领域。与基于电子运输、禁闭及其物理属性的现有系统不同，它利用光线（即光子）来实现信息译码。在移动过程中，光子的速度不仅可以达到光速（每秒钟 30 万千米），而且几乎不存在热耗。不过，要把光子作为芯片的信息译码手段，就必须使用与物质在纳米层级的行为更为兼容的纳米构造元件。

如果说方法上有真正的改变，则应是“上行法”的选取，这种方法将有助于利用物理和化学方面的基础知识来设计分子电子的全新元件。当前，纳米元件的原子制造在实验室里是可行的，但在工业上却无法预计，因为这个过程需要的时间实在太长！

唯一的解决方式，就是将一些纳米构造作为“建筑用砖”用于芯片及其纳米元件的生产。在能够控制定位的前提下，合成分子、生物分子、纳米金属粒子和碳纳米管都可使用。我们甚至可以下行到次原子层级，直到设计出单电子的晶体管！这些选择均在研究和实验阶段。

改变人类生物学

医学和电子两个领域备受期待的演变，以非常具体的方式为我们做出了技术趋同的展望。然而，这种技术趋同会将对人体和人类的看法带向何方？

即便不去考虑“纳米-生物-信息-认知”趋同的问题，我们也能清晰地看到，无论是分子生物学上生物与信息技术的融合，还是生物物理学上物理与生物的融合，都改变了我们对物质从粒子到机体各种现象的惯常看法。这里所说的趋同逻辑，完全建立在这样的理念之上：从纳米层面了解了物质的行为，仿佛就有了控制和改造物质的可能。在具备崭新属性的纳米物体和纳米设备的制造中，这种控制已经得到了体现，而纳米生物技术的出现又带来了改变人类生物学的希望。

一个有待“殖民”的世界

20 世纪 90 年代，在埃里克 · 德雷克斯勒提出其理论的同时，积极推广和发展应用于人类健康的纳米技术的美国研究者罗伯特·弗雷塔斯受到了德雷克斯勒的启发，立足于能在人体内行走且能对细胞实施分子级干预的纳米机器人的设计和制造，提出了纳米医学的未来主义模式。当时，弗雷塔斯预言：在未来10年或20年，人类将能设计出“真正的”分子机器和纳米机器人，它们将比“自然”细胞更有效地保持人体的活力和健康。如同德雷克斯勒的预测，弗雷塔斯的展望或许也不够现实，然而多长时间后会有转机呢？当前可以肯定的是，无论是让人体变得近乎“透明”的造影技术的发展，还是从病人身上获得有助于将其模型化的数据（大数据）愈发丰富，抑或是活跃的纳米设备在机体内的部署，都将人体变成了一个有待“殖民”的世界，而所有这一切，都与弗雷塔斯的理念颇为接近。

一种虚幻的目标

在20世纪80年代，德雷克斯勒向分子装配机和纳米机器人“托付”了一种再生和活组织护理的能力，这给了人们憧憬生命永恒这一虚幻目标的契机。在德雷克斯勒看来，摆在人类面前的是一种不可抗拒的进程，即21世纪前30年的医学很可能会把30岁人的寿命延长，而且这种状况将一直持续到四五十年代。如果没有提前的话，从现在起到那时，医学进步将使返老还童成为可能。这样说来，不到30岁（或30岁多一点）的人可能会料到，医学将挫败他们的衰老进程，并将他们引入一个细胞能够修复、充满活力和生命不息的新时代。所以，关键的问题，就是要活着赶上这个时代……

在第二个千年之初，由于纳米技术的出现，雷·库兹韦尔将长生不老视作一个可以实现的中期目标。超人类主义者也持有相同的观点，在他们那里，这个话题的讨论非常常见。法国医生洛朗·亚历山大的立场也是如此，他创建了域名为 www.doctissimo.fr 的网站，也创办了以基因序列研究为主业、名为 DNAVision 的公司。在他看来，凭借“纳米-生物-信息-认知”趋同技术，人类的平均寿命从 21 世纪起将会迅速延长。2011 年，他出版了一部比较能说明问题的著作——《死亡之死：技术医学将给人类带来怎样的动荡？》。然而，无论作何感想，眼下这种远景看起来还是无法通达的。

置身其中，如何应对

对纳米世界的想象

灰雾

论战的必要性

不确定性

纳米粒子、人与社会论战

这些技术如何进入我们的生活？它们又将怎样在此扎根与长存？

在我们的日常生活中，尽管纳米技术的存在还非常有限，然而它已经成为我们现实生活的一部分，况且这种情形已有数年了。换句话说，我们已经生活在一个“纳米技术社会”里，当然这可以有多种说法。其间，出现了由许多纳米技术改造而成的未来世界的版本，也发生了有关人类因此面临的诸多潜在风险（从毒性问题到针对人体“改良”的伦理拷问）的论战。为数不少的经济研究报告凸显了在这些创新领域加大投资的战略意义，同时强化了纳米技术在我们的描绘和想象中的存在，也开辟了网罗各类技术创新的“疆场”。

另一方面，在社会的“新陈代谢”效应下，纳米技术的未来使用方案注定会受到持续的修正、贻误和改变。比如，科学研究不得不考虑有关“社会影响”的各类观点，尽管有时会带有一丝“装点门面”的嫌疑。为此，在讨论的密度与连续性近些年有所变化的情况下，科学研究不仅需要实施更为有效的沟通策略，也需要采用令人“更易接受”的方式方法。

运用想象对纳米技术进行思考

在对某种改变世界的技术进行前景展望的同时，旨在评估未来效用的技术与社会想象的重要性也得到了很好的体现。而当我们在探究技术的具体应用与我们所处社会和日常生活之间的关系时，如果需要谈论“由此引起的伦理、社会和司法问题”，则必须借由对新兴技术的由来与问世的棱镜观察展开思考。从这一点上说，对纳米技术的描述具有鲜明的投射性，这里面不仅包含展望和预测，而且常常带有一定的乌托邦色彩，当然也会有科幻小说的一席之地。之所以如此，其主要原因在于纳米技术覆盖着同样的时间跨度，既包括最近的将来，也包括遥远的将来。更何况纳米技术还激活了科幻小说酷爱的某些主题，一方面比如在“跨”“后”“超”等趋向上对人类的超越，另一方面比如欲与天公试比高，却将人类置于危险境地的科学家的傲慢与狂妄。由于埃里克·德雷克斯勒让我们知晓了纳米技术的潜能与危险，所以他的名字时常会被提起。他坚信纳米技术创造新世界的能力，这一点却招致纳米技术推广人员的强烈猜忌，因为他们忧心的是不要引起民众的恐慌。然而不可否认的是，美国国家纳米计划的政策本身就是在未来学家的指引下制定出来的。在这些人中间，既有像詹姆斯·坎顿那样的研究人员，此人的职业就是探寻和阐明新技术的发展趋势；也有像美国商务部技术贸易司副秘书菲利普·邦德那样的政客，他们不假思索地将纳米技术的问世比作圣经中美好诺言的实现，诸如“让盲人恢复视力”“让瘫痪者下地行走”“让聋子听见声音”等。

因此，科幻文学在纳米技术的讨论中扮演着极其重要的角色。在对无处不在的纳米技术带来的新世界做出深入思考方面，尼尔·斯蒂芬森1995年发表的小说《钻石年代》就是一个很好的例子。如果聚焦那些更具警示意义的作品，迈克尔·克莱顿2002年出版的《猎物》(他同时也是《侏罗纪公园》的作者）则是提醒人们提防纳米粒子工业发展的有力代表作，在他的笔下，纳米粒子逃脱了研究人员的控制，在消耗所有生物的同时不断自我复制。他这里所说的情况，指的是用于体内诊断的微型摄像元件。克莱顿借以构思叙事的中心素材，正是德雷克斯勒本人提出的“灰雾”设想。根据《创造的发动机》一书的描绘，“灰雾”指的是纳米机器人自我复制进程的失控可能引发不断蔓延的灾难性风险，要知道，今后的纳米机器人确实具备自我复制和自我装配的能力。这样一来，创造的发动机演变成了破坏的发动机，整个世界随即被变成“灰色的寒冰”。早在1958年，由艾尔文·伊沃斯执导的美国影片《变形怪体》就描述了“一滴”来自太空的变形活物质将路遇的人类全部“吞噬”后迅速膨大的过程。电影预告这样写道：“变形怪体难以描述、难以破坏！没有什么可以阻止它！”今天，我们完全可以用同样的话语来形容纳米技术的出现。类似的影视文学，还有美国作家格里格·拜尔1985年推出的小说《血的音乐》。在这部作品里，他描绘了另外一种世界末日：实验室的一次实验生产出了一种纳米粒子新智能，它取代了人类的细胞，从而将整个人类变成未经分化的集体智能。“灰冰”也罢，“灰胶”也罢，在最近的20年里，这样的画面成了谈论革命性技术的出现带来潜在风险时的话柄。由于科学的东西过于现实主义，非科学的东西过于未来主义，所以任何将两者断然分开的企图都是徒劳的，毕竟20年来，恰恰是科幻文学与科学宣讲的杂糅充当了纳米技术腾飞的象征。如果说科幻小说的作者队伍构成了对纳米技术的社会影响进行积极思考的一个“利益集团”，在当前很不确定的体制下，他们同时也充当着“指导性思想”的提供者，就科学与社会展开论战的控辩双方可以围绕这些构想找准自己的定位。

“参与”和“论战”：将纳米技术社会化

从一开始，纳米技术的问世就具备了一个重要特征，那就是围绕它的潜在影响而展开的论战得到了深度凝练。这不是一个自发的运动，因为还在很早的时候，在科学技术研究领域进行长期投资的政治意愿的立足点，就是发动民众积极“参与”。因为政府坚信，当给民众提供了了解和思考的空间，就更容易得到民众的支持，这有助于接受和实施期待已久的创新。而在科学方面，学科的发展与敏感度的调动也被努力结合起来，以毒理学为例，它就尝试阐明结合材料学知识使用的纳米材料可能带来的健康风险，而材料学界则探索一些环境手段用于自己的科研。一些大型化工企业也会做出这种取舍，如杜邦集团与一家环保领域的非政府组织合作，于 2005 年摸索出了一种服务于相关工业生产商的针对纳米材料及其潜在的风险因素进行数据收集的方法。

猜忌与无知容易导致某种技术的提前放弃，如果说基于这一见证而需要展开论战的话，美国倡导的纳米技术项目则计划从一开始就把民众对技术发展的意见纳入考虑，其指导思想就是创新不仅需要与社会共建，而且需要融入社会。正因为如此，我们最为信赖的宣讲建立在了一个笼统、模糊的概念——“责任性创新”的基础之上。

诚然，责任性创新没有触及问题的核心，但是它认可这一点：任何科学领域都具有风险性，预测风险有助于控制风险，由此可以从中获得利益最大化。根据这一理念，论战的开展需要避免两个极端，一个是不现实的、未来主义式的狂热夸张（即捧得天花乱坠），另一个是杞人忧天、盲目悲观（如“灰雾”理论），这两种态度常常充斥着科幻小说的想象空间。我们要做的，应该是心怀希望，即便事情纷繁芜杂。组织一场论战，立场不同的双方不一定非得达成共识，更不能有相同的先决条件。

譬如，当我们关注纳米材料的先进性时，同时也需要回答一个问题，即更为有效的物质是否不会包含更多的毒性风险。我们承认纳米银在许多应用中具有很好的杀虫效应，但是假如这些纳米粒子不受控制地散落在周边环境或在机体内流通，那么这会带来怎样的冲击呢？碳纳米管具有一定的工业应用价值，但它与石棉纤维一样，也会给员工乃至范围更大的用户带来很大的风险。纳米运载器将具有穿越血脑屏障的能力，而且更容易到达脑部以实施非外科却更精准的新疗法，但是这种操作下药物的副作用可能会更大……鉴于纳米物质的特性，如果不进行长期、复杂的研究，就很难对这些问题做出精确处理。正是由于这个原因，加拿大的非政府组织 ETC 集团于 2003 年申请对纳米产品延缓偿付，也有诸如“地球之友”一类的协会发出倡议，对含有纳米物质的日用品（如防晒霜、食品等）积极实施监控。

“纳米”标签富有艺术的模糊性，增加了论战的复杂性。由于很难确立合适的定义，导致纳米物质缺乏精准的规定及监管，所以在标签问题上游刃有余。是故，标签上的“纳米”一词并不能说明产品中一定含有纳米粒子。总之，正是基于这个显示“纳米”字样的问题，在非政府组织的推动下，美国联邦环境保护署多次介入，要求用适当的类别对显示含有纳米材料的产品进行清晰的定位。有好几次行动都涉及含有或产出纳米银粒子的产品（如三星集团生产的纳米银洗衣机、一家美国企业制造的电脑键盘），以确认是否需要将三星银离子或键盘的纳米银保护层视作杀虫剂并就此做出声明，随后做出了罚款处理。然而，这些举措常常产生了反常的效果，即“纳米”字样从标签上消失。为了避免自己的产品被拒购或遭受消费者协会的刁难，有些品牌（如欧莱雅）选择删除某些产品的“纳米”字样，由此也剥夺了消费者对重要信息的知情权。

纳米银的问题很有代表性，它有助于我们了解纳米产品面临的诸多困难。它与非纳米银有哪些不同呢？是否需要把它分离出来，单列为新的化学物种？当风险（尚不清楚）与好处（有待证明）都不明确时，该如何对其进行评估呢？攀谈、讨论此类问题的方式取决于策略上的选择：或者，我们向科学要证据，由此将专家和非专家对立起来；或者，我们坚持集体应对所面临的不确定性，而且协调所有立场允许纳米物质共存。

为了方便民众参与，当前有多种手段已经出台，且重在建立“对话”机制。在法国，就有许多这样的“对话”范例陆续问世，既有机构层面的（如国家公共讨论委员会如2009年举办的纳米技术全国大讨论），有民间协会层面的（如法兰西岛大区2006年举办的活动），也有科学文化机制层面的（如巴黎市和格勒诺贝尔市2007年举办的“纳米展览”）。然而，论战并不仅仅按照主办机构的工作安排加以组织，毕竟纳米技术绝不是完全建立在科学确定性基础上的“客观”形态。此外，笼罩着纳米技术的不确定性排除了“中立”公民存在的可能，没有人会认为自己感受不到纳米技术带来的好处。而众多的“非中立”公民紧盯立足于控制民众与自然（即将纳米技术与监控技术、生物技术、转基因产品或核能联系在一起）以及技术官僚式科学工业模式的技术科学进步观，针对国家纳米技术发展计划提出了颇为激进又颇具政治意味的批评。以“机件与人工”命名的决策团队就是一个很有说服力的例子，当然它不是唯一的一个。该团队的活动中心设在欧洲纳米技术研究和法国原子能委员会研究规划的“首都”之一——格勒诺贝尔市，它指责政治、经济、工业和科学上的权力都过度地集中服务于一种“技术指向型”的创新观。显然，举办一场论战，永远不能确保某种对立或批评的消失。

置身其中：“纳米型”公民的挑战

纳米技术不只是科学家和研究者的事，也不只是企业家和公务员的事，它是一个全局性的项目，汇集了多方的不同利益。

我们已经看到，与纳米技术相关的表述或想象直接关系到每个人的立场。为了打造一个利益均沾的“纳米技术社会”，研究者、决策者、公民乃至纳米粒子都借由期待、承诺、预测、未来观和不确定性而关联在了一起。此外，对纳米技术的各类表述还会牵涉触及“人类”定义的伦理问题。“纳米-生物-信息-认知”型技术的趋同明确将改进人类技能作为目标，但要理清它们的发展方向和真正潜能却并非易事。尽管如此，这依然阻止不了那些过于技术乐观的宣讲，因为在乐观派眼里，纳米技术承载着他们的希望。譬如，“超人类主义运动”这一组织就把他们的希望建立在具有决定论色彩的技术发展观上。他们认为，技术发展必然会带来进步，所以大量运用技术改善个体性能，即便在道德伦理上也是可以接受的。显然，这种立场招致许许多多的批评，为此“法国超人类主义联合会”要求以与其他协会相同的身份合法参与民间论战，讨论纳米技术引发的各类问题。

由于缺乏准确信息，存在于我们社会中的纳米技术面临很大的不确定性。像这种情形，并非是隐瞒不报、故意为之，而是因为很难获得有关纳米粒子存在方式的专业知识。在这样的背景下，当需要就纳米技术在各种领域的运用做出集体决定时，声称中立且坚守客观立场是不现实的。同时，要积极动员民众、引起社会关注，就必须将纳米技术视作一种全局性计划，既需要有研究、投资上的政治视野，也需要有产业、规章、组织社会论战方面的独到眼光。

随着了解、研究和潜能开发（或开始展现，或依然成疑）的深入，行为者的立场注定要发生演变。

有关科学和技术的社会学将我们的社会呈现为一个“实验室世界”：科学不仅仅在实验室里进行，而实验室也不是与社会隔绝的严密堡垒。我们的社会已俨然成为重大集体实验的剧场：技术科学需要我们，我们需要技术科学。这种“关系”不无危害，也不无风险，它会引起争论，但也立足于力的关系。纳米技术已经渗透进我们中间，我们监控它、讨论它，我们的观点也必将改变它在我们当今和未来生活中的呈现方式。

专业术语汇编

技术科学

这一概念出现在20世纪70年代，用以突显技术（包括实践与实验室物质文化）与科学知识工具化带来的成果。这一术语也被用来形容这个过程中科学与社会的紧密关系，以及越来越受产业管理逻辑支配的科学研究的战略与指导方式。

下行法

一种“自上而下”的方法。在分阶段改造某种天然原材料，尤其是去除不符合需求部分的各类进程中，常常用到这种方法。

上行法

一种“自下而上”的方法。该方法包含一系列进程，每个进程都能在某些基础元素的基础上生成最终产品的某个重要部位。用“乐高”砖块建造房屋就是这样的事例。

超人类主义

20世纪80年代，超人类主义运动率先在美国发展起来。该运动下设许多协会，这些协会创意多种多样，期待也各有区隔，不过它们有个重要特征，就是立场相同：它们认为，人类并未达到进化的顶端，凭借趋同性技术的密集使用，人类这个物种还会继续演变。

分子装配机

目前，分子装配机纯粹是一个理论概念。它想要表达的是，制造能以纳米精度定位粒子、催生各类化学反应的某种机器的可能。埃里克·德雷克斯勒在其著作《创造的发动机》中按照核糖体的形状设想出分子装配机的样子。核糖体是一种生物粒子，它能在某个细胞环境的内部接收来自核糖核酸信使的指令来装配蛋白质。

扫描隧道显微镜

扫描隧道显微镜常常用它的首字母缩略形式 STM（scanning tunneling microscope）加以指称。它拥有一个极其精细的金属探针，能够以几纳米的距离扫过材料的表面。通过在探针与材料表面之间施加电压，会在这个地带生成一股呈比例分布的电子流（又称隧道流，属于量子机械学现象）。无论是探针的运动，还是电子流微分的测量，都有助于获得传导性材料表面的地形信息。

诊疗一体

这一新词由“治疗”和“诊断”缩合而成，英语写作 theranostics。这种方法的主旨在于运用活体外诊断指导对病人的治疗。对于某种既定的病理，临床医生使用生物示踪剂搜集病人的物理生理信息，然后据此选择在特定情况下疗效最好的粒子。这一术语与 21 世纪最初 10 年末兴起的概念“个性化医学”趋于重合。

灰雾

指因具有自我复制功能的纳米机器迅速增多而带来的灾难性场面。这种机器在脱离了工厂或实验室的控制后，会大量散落在周边环境中，并把生物圈变成不规则的灰冰或块状物。有时，人们也会用écophagie（意即“生态系统的消耗”）一词来形容这种场面。

分子制造

我们不应忘记，是埃里克·德雷克斯勒给出了“纳米技术”的定义：“一种凭借分子机器系统，以原子的精度进行制造的新科学。”德雷克斯勒的初衷，就是创造出一种纳米大小的装置，这种装置被设计成机器的样子，能够将每个原子单个定位，从而根据特定的样式最终制造出化学物质。纳米技术也是一种通过拆装机将物质重新分解从而获得可支配原子的技术。装配机、拆装机和纳米计算机建立起数据并将其传递给纳米机器，从而形成了分子纳米技术的强大系统。

承诺型经济

借助这一术语，关注技术创新的社会学家和经济学家将期待在投资与研发领域的作用凸显出来。在“承诺-需求”式循环中，承诺被看成一种战略资源。最初的承诺往往被定得很高，其目的就是吸引资助者的注意，推动项目确立（无论是技术性的还是政策性的）进程，从而打造“受保护空间”。随后，上述承诺提出各种需求、设定各种期待，这个过程被称作“承诺-要价”式循环。当结果不怎么符合期待时，就重新审视当初的承诺，要么修正，要么摒弃，要么采取新的形式重启上述循环。